ZHENGFU TAIKONG ZHI LU CONGSHU

征服太空之路丛书

刘芳　主编

飞机的故事

时代出版传媒股份有限公司
安徽文艺出版社

图书在版编目（C I P）数据

飞机的故事 / 刘芳主编. — 合肥：安徽文艺出版社，2012.2（2024.1 重印）

（时代馆书系·征服太空之路丛书）

ISBN 978-7-5396-3965-9

Ⅰ. ①飞… Ⅱ. ①刘… Ⅲ. ①飞机—青年读物②飞机—少年读物 Ⅳ. ①V271-49

中国版本图书馆 CIP 数据核字(2011)第 246428 号

飞机的故事

FEIJI DE GUSHI

出 版 人：朱寒冬

责任编辑：岑 杰　　装帧设计：三棵树 文艺

出版发行：安徽文艺出版社　www.awpub.com

地　　址：合肥市翡翠路 1118 号　邮政编码：230071

营 销 部：(0551)3533889

印　　制：唐山富达印务有限公司　电话：（022)69381830

开本：700×1000　1/16　印张：10　字数：148 千字

版次：2012 年 2 月第 1 版

印次：2024 年 1 月第 4 次印刷

定价：48.00 元

前　言

PREFACE

总是梦想能像鸟儿一样有一双展翅高飞的翅膀；总是梦想能在蓝天下俯瞰大地、山川、河流。1903 年 12 月 17 日美国莱特兄弟的“旅行者 1 号”成功飞行了 36.6 米，梦想终于在这一天成为了现实，人类制造出了自己的翅膀，漫长时光的希冀，漫长时光的不懈努力，人类可以像鸟儿一样飞上蓝天了。由双翼到单翼、由滑行起飞到直升直降落、由陆地起降到水上起降、由简陋到完美，飞机这个人类的智慧结晶越来越无与伦比，一直到今天，飞机将人类的步伐变得更大，使人类的运动速度更快。

如今飞机不单单是一种交通工具，它也是在时空运动的一个载体，在这个日趋完美的平台上演绎了许许多多奇事秘闻，也发生了许多使人扼腕的空难，更有那些铤而走险的暴徒制造了一个个骇人听闻的惨案。

如果你想知道飞机上发生的那些事，请跟我来，一页页开始阅读这本书。

Contents

目 录

千姿百态的飞机

飞机轶闻奇事

千姿百态的飞机

QIANZI BAITAI DE FEIJI

飞机，专业术语是固定翼机（fixed-wing aircraft），泛指比空气重，有动力装置驱动，机翼固定于机身且不会相对机身运动，靠空气对机翼的作用力而产生升力的航空器。这种定义是为了与滑翔机和旋翼机有所区别。固定翼飞机是目前最常见的航空器形态。动力的来源包含活塞发动机、涡轮螺旋桨发动机、涡轮风扇发动机和火箭发动机等等。同时飞机也是现代生活中不可缺少的运输工具。

飞机具有两个最基本的特征：

其一是它自身的密度比空气大，并且它是由动力驱动前进；

其二是飞机有固定的机翼，机翼提供升力使飞机翱翔于天空。

不具备以上特征者不能称之为飞机，这两条缺一不可。譬如：一个飞行器的密度小于空气，那它就是气球或飞艇；如果没有动力装置、只能在空中滑翔，则被称为滑翔机；飞行器的机翼如果不固定，靠机翼旋转产生升力，就是直升机或旋翼机。

“飞行者 1 号”

人类第一架升入空中的飞机是由莱特兄弟发明的。虽然莱特兄弟的首次升空时间只有 12 秒，飞行距离不过 36.6 米，他们却开创了人类飞行的新纪元。

莱特兄弟

如果你走进美国国家航空航天博物馆参观，会发现最显赫的位置上悬挂着由莱特兄弟发明的世界上第一架飞机——“飞行者 1 号”，其说明词是：“世界上第一架重于空气的动力飞行器。莱特兄弟驾驶它进行了自由的、可操纵的持续动力飞行。威尔伯·莱特和奥维尔·莱特发明和制造。他们自己驾驶它于 1903 年 12 月 17 日在北卡罗来纳州的基蒂·霍克进行了飞行。莱特兄弟依据最初的科学研究，发现了人类飞行原理。作为发明家、制造者和飞行家，他们又进一步发展了飞机，教人们学习飞行，开创了航空历史新纪元。”

“飞行者1号”

这一段平平无奇但又惊天动地的文字，谱写了一个伟大的历史创举——人类开始飞了！飞向天空，飞向宇宙！莱特兄弟发明的“飞行者1号”飞机在1903年夏就制造完成了。最初决定的首飞日期是12月12日，但因天气不好又推迟了两天。12月14日，他们决定正式首飞，为此还从附近的救生站请来几位朋友做见证人。兄弟俩掷硬币决定由哥哥威尔伯·莱特先飞，可惜他运气欠佳，在飞机起飞时，他把机头拉高了，造成飞机失速，旋即栽下来，陷进沙滩里。这次试飞失败了。

摔坏的飞机经过修理，于1903年12月17日（星期四）进行第二次试飞。这次轮到奥维尔·莱特先飞了。当时天气寒冷，试飞的场面也颇冷清。试飞场地是基蒂·霍克以南6千米处的基尔德夫尔沙丘附近的海滩上。在场观看试飞的只有5个人，其中包括约翰·T·丹尼尔斯和小男孩汤姆·怀特。尽管前一天莱特兄弟曾贴出告示：“明天上午在沙丘上空进行世界上第一次载人飞机试飞，欢迎参观。”但几乎无人相信他们会取得成功，因此，来者寥寥无几。

据目击者回忆，10时30分，奥维尔爬到飞机上进行驾驶。因为“飞行者1号”没有起落架，它是用带轮子的小车在滑轨上滑跑来起飞的。威尔伯扶着机翼以使飞机在滑跑时平衡，飞机向前滑行，威尔伯还跟着跑了一段。飞机迎风起飞了，在空中飞行还不平稳，有点颠簸，最后滑下来着陆了。经测算，飞机留空时间12秒，飞行距离36.6米。飞行成功了！

当天的试飞共进行了4次，最好成绩是哥哥威尔伯创造的：留空时间59秒，飞行距离260米。人类首次升空的时间只有12秒，这短暂的飞行瞬间对于乘飞机旅行已成寻常事的今天，似乎难以成为什么激动人心的事情。但是莱特兄弟飞行瞬间的意义却非同寻常，因为它宣告了飞机的诞生和航空时代的发轫。

当天下午奥维尔给他的父亲发了电报：“星期四上午进行4次成功飞行都是在21千米/时的风速下，单靠发动机动力水平起飞的，在最长的59秒的飞行中，平均速度为31千米/时，通知家乡的报社，圣诞快乐。”

莱特兄弟为什么会取得成功？航空史学家在研究中发现，这并不是因为他们学识丰富，也不是因为他们比别人智商高明多少，而主要有3个因素。

一是他们继承了前人的成果，也吸取了前人失败的教训。他们几乎研读了航空先驱们所有航空方面的著作，充实自己的理论知识，同时进行了大量的科学试验。为了准备这次试飞，他们在前3年，先后制造了3架滑翔机，进行了逾千次的滑翔飞行，逐步体会、掌握操纵飞机的方法。他们特别推崇德国航空先驱，被誉为“世界滑翔机之父”的李林达尔，从他的关于飞行的著作中学习航空知识，为此他们甚至攻读了德文，以便能直接阅读李林达尔的原文，这对于只受过4年中学教育的莱特兄弟来说无疑是很困难的。他们按照李林达尔著作的指点，利用一切时间观察鸟的飞行，研究鸟的飞行，以便从中悟出规律性的东西。有时他们爬到山顶，仰望天空中老鹰的飞行动作，一看就是几个小时，几乎到了痴迷的程度。莱特兄弟在飞机操纵系统上超过了李林达尔。后者靠移动自己的身体，改变重心来操纵滑翔机飞行，而莱特兄弟则通过机械装置使整个翼尖卷曲来操纵飞机（后来靠操纵副翼来完成）。莱特兄弟在研究中发现，前人之所以未取得成功，原因在于他们只关注飞机的一个或几个方面，没有从整体上寻求解决问题的方法。

二是莱特兄弟在研制飞机上遵循了科学规律，注意理论与实践相结合。他们在航空理论上也许比较弱，这一点可以通过学习来加以弥补，但他们有丰富的机械设计经验，有很强的动手能力。他们把理论、设计、制造、试验、试飞结合起来，兄弟俩集设计师、工程师与飞行员于一身，这是很大的优势所在。

三是莱特兄弟具有勇于探索、百折不挠和不怕牺牲的科学精神。飞机试飞风险很大，甚至要付出生命的代价，如德国人李林达尔和英国人皮尔彻就是在试飞中丧生的。但莱特兄弟却争先恐后驾驶飞机进行首次飞行，互不相让，以至于要通过掷硬币来决定谁先飞。莱特兄弟说："要得到驱驭烈马的最好办法，绝不是在旁边指指点点所能完成的，最重要的是自己骑上烈马驾驭它。"正是由于这种精神，莱特兄弟终于成功驾驭"飞行者 1 号"这匹"烈马"，创造了划时代的飞行瞬间。

莱特兄弟首次试飞成功，并没有引起当时的新闻界和全社会的重视。虽然 1906 年美国专利局授予莱特兄弟飞机设计专利，但也未能为他们带来商业利益。直到 1908 年，即飞机发明 5 年后，情况才有所转机：一是美国国防部与莱特兄弟达成制造飞机的协议；二是兄弟俩分别驾机在欧洲与美国进行巡回飞行表演，均引起巨大轰动，大西洋两岸都传开了莱特兄弟的名字。从此，航空时代才真正到来了。

知识点

飞机制造

飞机制造是按设计要求制造飞机的过程。通常飞机制造仅指飞机机体零构件制造、部件装配和整机总装等。飞机的其他部分，如航空发动机、仪表、机载设备、液压系统和附件等由专门工厂制造，不列入飞机制造范围。但是它们作为成品在飞机上的安装和整个系统的联结、电缆和导管的敷设，以及各系统的功能调试都是总装的工作，是飞机制造的一个组成部分。

西科尔斯基的直升机

世界上第一架直升机是由法国工程师保罗·科尼尔发明的。但由于科尼尔设计上的缺陷，直升机总是在空中打转，他的发明影响不大，也未能对后来的直升机发展产生重大影响。直到 1939 年西科尔斯基解决了打转问题，实用直升机才宣告诞生。但令人意想不到的是，促成它试飞成功的是出自一般人没有想到的“尾桨”。

1940 年，51 岁的俄裔飞机设计师西科尔斯基，在美国亲自驾驶他设计的 VS－300 直升机桨的扭矩，有的航空权威事后谈到此事时说：“幸好设计者没有事先来征求我的意见！如果来问我的看法，我会首先反对他用的那个尾桨，而那却恰恰是成功的关键……”

西科尔斯基在驾驶 VS－300 型直升机

西科尔斯基 1889 年出生于俄罗斯。他父母都是著名的医生，属于当时的上层知识分子。西科尔斯基在少年时就热衷于阅读科学书籍、科学幻想小说等。他知道 400 多年前意大利著名画家、科学家达·芬奇绘过世界上第一张关于直升机结构的想象图。他在 12 岁时就制造了一架旋翼类飞机模型，使用橡筋动力，而且确实能飞。14～17 岁时，他在俄罗斯的圣彼得堡海军学校和基辅工业学院的机械工程系学习。

他酷爱飞行。莱特兄弟是他青年时代心目中至关重要的英雄人物，但此时他迷上的却是直升机。20 岁时他身带足够学习航空知识和购买一台发动机的钱来到法国巴黎，这些钱是他开办学校的姐姐向他提供的。

1909 年的巴黎是世界航空活动的中心，不少欧洲的飞行家们正热衷于飞行试验。已经有人造出几十架外形古怪的各种各样的飞机，有的根本不能飞离地面，有的只能跃起飞行几秒钟。但这些却无比地鼓舞了西科尔斯基的少年壮志，他宣布了一项惊人的计划：他要设计出直升机！

竹蜻蜓是中国古代发明的一种玩具。可以注意到，世上没有一种鸟类或昆虫是用旋翼的方式来飞行的。竹蜻蜓完全是人根据事物的原理进行的一种智慧的创造。同样产生在中国的古代玩具中，竹蜻蜓和风筝体现了两种不同的飞行方式：风筝是利用风力飞起来的，而竹蜻蜓则是利用自身的旋转造成对空气的相对运动，在静止的大气中也能飞升。

在人类尝试飞行的漫长历史中，这两种方式都曾被人们试探过。意大利画家达·芬奇留下的设计草图中，就有他作出的两种飞行器的设想：一种有机翼，另一种则是利用了竹蜻蜓原理。在19世纪末的航空先驱们试验的飞行器中，用机翼飞行的和用旋翼飞行的都有。也许因为定翼类的飞机构造比较简单，需要的功率较小，所以先取得了成果，在1903年胜利诞生。但是人类没有停止对“拔地而起”的飞行方式的向往，直升机的研制仍在不断地进行。

1909年5月，西科尔斯基从法国回到俄罗斯，立即开始了他第一架直升机的研究项目。万事开头难，他的第一个作品飞不起来。第二年，他又制造了第二架直升机，还是没有成功。当时人类的飞行还处在蹒跚学步的年代，对于如何用竹蜻蜓似的旋翼将直升机托举飞升起来，也还没有找到成熟的道路。看起来要成功地研制出直升机，并不像当初设想得那样容易。西科尔斯基不得已采取了一种迂回的道路，暂时中断了他的直升机研究计划，而将精力转移到定翼飞机的研制上。在当时人类拥有的技术能力条件下，研制定翼飞机是一种更便于取得成果的方向。

从1910年开始，西科尔斯基以惊人的速度在2年内接连研制出6种飞机，第一种是初入门的试探，没能飞离地面。但他的第二架飞机就胜利腾空了。接着一架比一架飞得好，他的后5种飞机都飞上了天空。他的第6种飞机，竟然创造了乘员3人、速度112千米/时的世界纪录。

1913年，在莱特兄弟的第一架飞机升空10年后，他研究出当时世界上最大的“俄罗斯勇士”号飞机。这是他研制的飞机中传之后世最令后人瞩目的一架。这是世界上大型飞机的鼻祖，也是世界第一架装有4台发动机的飞机。在第一次世界大战中，它成为沙皇俄国的主要战略攻击力量，是世界公认的第一种重型轰炸机。

这架飞机改变了过去飞机的驾驶员都是暴露在空气气流中的做法，而在机头部位设计了封闭式的驾驶舱。这种在后来的飞机很通用的设计，在初次出现时竟被一些人警告说，封闭的驾驶舱将使驾驶员的面部无法受到气流的冲击，使得驾驶员不能鉴别飞行的方向和风力的变化，因此将会使这种飞机无法飞行！

大型飞机“俄罗斯勇士”号的首次试飞很有戏剧性。1913 年 5 月 13 日 19 时，西科尔斯基才开始为第二天的试飞进行准备。这时飞机所在的军用机场很空闲。时值俄罗斯的“白夜”开始，天空还是很亮，光线很充足，最少还能保证一个小时的飞行。西科尔斯基当时虽然已经很疲劳，但根据当时的情况，他觉得试飞挺合适，于是决定驾驶这架大飞机起飞升空。

当时有驾驶员、机械员和另一人，一共 3 人在飞机上。飞机经过一段滑行后顺利地起飞了。飞机飞得相当好。飞机在离机场约 1.5 千米的地方转弯着陆。当飞机着陆后，观看到这次飞行的人群冲进机场，像潮水般拥向这架大型飞机，3 名试飞人员则站在飞机的“平台”上频频向人群挥手致谢。

十月革命之后，西科尔斯基离开了苏联，移居美国。初到美国时，他的境况十分拮据。但是，他一生最鲜明的特点便是他那坚定的意志。经过不懈的努力，他在美国又陆续研制出许多飞机型号，其中包括一些水陆两用飞机及大型水上飞机，被用在飞越大西洋的定期水上飞机航线上。

30 年的飞机设计生涯，使西科尔斯基从事科研开发的能力得到增强。他也从未丧失过对直升机的兴趣。他在 1931 年申请了一项直升机的专利。1937 年，他在中断直升机研究 30 年之后，重新把精力转向了这个领域。当人们问起为什么时隔 30 年又重新拾起当初放弃的项目时，他说是因为 30 年前发动机的功率只有约 18.4 千瓦，功率太小是设计不出可以使用的直升机来的。而再次回到这个项目时，在动力上已经有了更合适的选择。

经过 3 年的反复试验，西科尔斯基解决了直升机研制中一个关键性的难题——如何克服产生升力的主桨旋翼派生出的扭矩问题。为了克服旋翼在旋转中产生的扭矩，几乎所有的直升机研制者都采用双数的旋翼相对旋转的办法。而西科尔斯基采用的是在机尾专门设置一个面向侧方的尾桨来平衡。这初看是一个笨办法，因为尾桨既不产生升力，又不产生前进的推力，其功能是专门为了克服主桨派生出的扭矩。采用尾桨的优点在于尾桨只用主桨约1/10的功率，因此传动系统没有形成很大的负担。而其他使用第二副主桨来平衡扭矩的办法，无论在结构的复杂性、机构的重量、功率的损耗还是维护的成本上，代价都要大得多。

1940年5月13日，西科尔斯基亲自对这种带尾桨的直升机进行试飞，完成了第一次自由飞行。以后经过整整一年的改进，它的留空时间已达到1小时32分。该机显示出良好的操纵性能，具备了现代直升机的基本特点，可以垂直起降，空中悬停，前飞、后飞、侧飞，并可以无动力自转。美国军方随即大量订购。

西科尔斯基的直升机取得成功，成为航空界的一件大事。航空器的发展终于完成了一次突变，出现了一种新型的航空器。实用直升机的出现，比定翼飞机晚了37年。

日本陆自武装直升机

直升机由于它的垂直起降及空中悬停能力，可以不需要机场而在狭小的面积垂直起降，因此大都用于低空飞行的特殊需要。如担任城市或郊区的近距离交通运输任务，或用于抢险救灾，在建筑业中完成吊装任务，警察与边防的追捕及巡逻，以及农业喷洒等作业。20 世纪末，直升机最大的用途是作为军事上的武装直升机，它对坦克及地面战斗目标能进行有效攻击。

有的人认为，既然直升机这么方便，它出现后一定会很快取代定翼飞机，但实际生活中这种推论并没有实现。这是因为不同的机型往往各有各的优缺点。直升机比同样载重级别的定翼飞机耗油大，维护成本高，购置价格贵，速度则只相当于定翼机在半个世纪前达到的速度水平。所以今天直升机的总架数只约占世界航空器的 10%。直升机中大部分用于军用，因为军用主要考虑它的特有功能，而较少考虑成本因素。

直升机已演变出其他一些型式，如少数型号采用纵列或横列的双桨式，也有采用同轴反转的双桨共轴式的。但绝大部分直升机仍然采用单桨加尾桨式，包括载重最大和最小的直升机。

世界最大的直升机

知识点

直升机

直升机主要由机体和升力（含旋翼和尾桨）、动力、传动三大系统以及机载飞行设备等组成。旋翼一般由涡轮轴发动机或活塞式发动机通过由传动轴及减速器等组成的机械传动系统来驱动，也可由桨尖喷气产生的反作用力来驱动。

戏剧性出场的水上飞机

当还没有快艇快到会飞离水面的时候，水上飞机曾想混迹于快艇比赛，当然，这引起了其他参赛选手的极大愤怒。

1911 年 3 月，在摩纳哥的蒙特卡罗举行了一次重大的汽艇大赛。参赛的汽艇中，有一艘奇形怪状的有点像船又不像船的东西。这是法国的法布尔设计制造的。这个“长腿怪物”于一年前的 3 月 28 日在法国马赛的拉梅德港试验时，在第二次高速滑行中竟然腾空飞离了水面，以 60 千米/时的速度直线飞行了大约 500 米。第二天，它又这样飞行了 6 千米。参赛的其他艇主听说这样一个东西来参加快艇比赛，不禁感到大为不平。

一位艇主气愤地说：“这东西到底算是汽艇还是别的什么玩意儿？快艇就必须在水面上跑。我比赛时将要带一支大口径猎枪，如果这个怪物像水鸟一样飞起来超过我，我就把它打下来，叫它回到水面和我决一高低！”这个引起快艇选手们愤怒的怪物，正是世界第一架水上飞机。在它下面装有三个浮筒，上面有机翼和舵面，后面是 37 千瓦的发动机，前面的驾驶员骑在自行车式的座垫上。

法布尔是这架水上飞机的设计者。他出身于法国马赛一个船主家庭，年轻时对工程很感兴趣。当 20 世纪初，飞机设计者已经设计出各式各样的飞机飞离地面以后，他很自然地想让船飞起来。1907 年～1909 年，他花了两年时间在一艘“飞跃”试验船上对翼面上的气流做试验。他在 1910 年设计了第一架水上飞机，但是这架飞机没有飞起来。他接着设计第二架，在第二年的3月成功地进行了首次飞行，成为世界第一架水上飞机。

这架飞机并不像后来的水上飞机那样是陆上飞机加上浮筒，而是反映了他原来熟悉船舶的知识背景，特地为水上起降设计的。大概出于他的“遗传性爱好”，他使这个东西飞离水面的意图，仅仅是为了提高船的航速，所以他开着它去参加快艇比赛。

法布尔

在蒙特卡罗，这架水上飞机试飞时以优美的姿态驶出港口，在靠近港口的进出口处腾空而起，飞到50多米的高度，悠然向前飞去，得到岸上成千上万观众一片喝彩。但它一飞出港口，就遇到港外的劲风，顷刻间变得难以驾驭，以吓人的速度撞毁在港口的石墙上，还好驾驶员及时跳出飞机才幸免于难。这是这架水上飞机最后的飞行。

看来法布尔对他创举的意义，只限于在提高艇速上，而并不在于开辟一个崭新的水上飞行世界。他在水上飞机方面的努力虽然属于创建，但浅尝辄止，没有继续深入下去。此后他回到对付以水为主的家传行业中去，后又转向专业生产其他水上飞机所用的浮筒。多年后有人将这第一架水上飞机修复，它至今仍保存在法国的夏莱·默东空军博物馆。

地球的表面，只有约30%是陆地，而约70%是水面。飞机活动的领域，却是100%包围着地球的大气。但是飞机飞行的起始和终结总是必须回到地球表面的。如果只能从陆地起降，那么飞机的使用便会受到限制。从航空发展的初期起，水上飞机就是航空开发者很关注的一个领域，经历过繁荣和低迷，今天仍在特殊用途上有不可替代的作用。因此，不断有人在成功的陆上飞机上安装浮筒，使它们能在水面起降，形成水上飞机一族。

水上飞机在20世纪的前半个世纪，很是风行了一阵。美国的波音公司，便是从制造水上飞机起家的。我国最早的飞机制造业是造船业的附属部门，如上海的江南造船厂和福建的马尾造船厂，它们甚至是中国最先出现的飞机工厂。

第一架水上飞机

最早的环飞世界的长途飞行（中途多次降落）便使用了水上飞机，以使中途降落方便。1924 年美国 3 架飞机编队第一次环飞地球的飞行，就曾途经上海，在黄浦江上降落。第一次世界大战之后，曾有航空刊物预言说，在民用方面，水上飞机将会有很大的吸引力，因为飞机尺寸不断加大，着陆场地的问题将越来越突出。而水上飞机可以不受限制地增大尺寸，总可以有着陆的地方，而又不会浪费土地。这样，从 20 世纪的 20 年代到 40 年代，曾经出现过一些越来越大的水上飞机。1952 年 8 月试飞的英国桑德斯·罗公司的"公主"号水上飞机可以称得上是水上飞机的最大成就。该机装有 10 台涡轮螺旋桨发动机，可运载 105 名旅客，能以 620 千米/时的速度横越大西洋。但是该机并未被航空公司实际采用于空中运输。

一般说来，与同级别的陆基飞机比较，水上飞机的飞行阻力较大，结构较重，起降时受气候、风力的影响也比较明显。飞机的装载、维修，人员的登机、离机，都有很多不便。水上飞机的速度、载重量和航程，与同样功率的陆基飞机相比都略为逊色。第二次世界大战后，美国曾研制过水面起降的高速喷气战斗机，但试飞结果并不理想，没有投入使用。

到了20世纪下半叶，世界各地的陆上机场建设越来越普遍，飞机的航程也越来越长，可以飞越大面积水域。水上飞机不需要特备机场起降的优点不再突出。今天在民用运输业上，跨洋的航线用远航程的喷气旅客机承担，以陆上的航空港为基地。军事上的远程轰炸也可以用陆基的战略轰炸机来执行。至于中短程的战术任务，则用舰载飞机以航空母舰为基地，而不再需要飞机直接从水面起降。

到20世纪末，水上飞机在一些特殊用途上仍被采用，如森林灭火飞机，它可以在森林火场附近的水面着水，并在水面滑行过程中重新将水箱充水，起飞后飞临火场抛下水箱中的水进行“水轰炸”，便于快速连续作业。还有军事上的反潜飞机等。在日常生活中，小型水上飞机常用在港口或湖泊河流地区，或向岛屿作小量货运或载客。但其用量，远小于与之对应的陆基飞机。

知识点

水上飞机

水上飞机是能在水面上起飞、降落和停泊的飞机，简称水机，其中有些同时也能在陆上机场起降的，称为两栖飞机。水上飞机分为船身式和浮筒式两种。水上飞机主要用于海上巡逻、反潜、救援和体育运动。

水上飞机分为船身式（即按水面滑行要求设计的特殊形状的机身）和浮筒式（把陆地上飞机的起落架换成浮筒）两种。

喷气式飞机的秘闻

对喷气技术这样重要的发明，发明国双方政府却都不支持，甚至进行阻拦，这不能不说是飞机发明史上的一件怪事。

20世纪中叶的第二次世界大战中，科学技术发展有三项重大的突破——喷气技术、原子能和电子技术。其中喷气技术的诞生，却意外地受到当时行政管理方面的严重阻拦。

1944年8月18日，一大批美国B－17“飞行堡垒”和B－24“解放者”轰炸机深入德国领空，飞行员们个个洋洋得意，因为他们在此以前还没有遇到过强有力的抵抗。突然，出现了37架德国战斗机。这些飞机与众不同，都没有螺旋桨，而速度非常快。轰炸机上的炮塔转动根本跟不上它们。这次战斗美国损失了18架轰炸机。这是德国的喷气式战斗机首次投入对轰炸机的战斗，引起同盟军的极大震惊。但是喷气战斗机的出现为时已晚，德国已经面临崩溃。此后3个月内，欧洲战争就结束了。

喷气技术出现后对航空发展的影响是十分深远而广泛的。军用飞机喷气化后的飞行速度超过了音速，民用的大型干线客机的飞行速度比过去提高了1倍，并且在飞行高度上离开了充满风雨雷电、气流紊乱的对流层，达到平稳的平流层内，使空中旅行成为社会广泛接受的一种便捷而又舒适的旅行方式，航空运输从而快速发展起来。

事实上，喷气发动机是在德国和英国分别发明的。但是，英德双方的官僚都延误了喷气式飞机的诞生和应用。1929年，英国皇家空军一位22岁的青年军官福克·惠特尔提出一种新的飞机动力装置，取消活塞式发动机和螺旋

惠特尔和他的发动机

桨，用一种新的装置产生气体喷流来推动飞机前进，以使飞机飞得更高更快。当时几乎没有人认真对待惠特尔的意见。飞机没有螺旋桨？这在当时简直不可思议。英国航空部负责发动机的首席顾问检查了惠特尔的计算，彻底否定了他的设想。但在一些有技术远见的人士的支持下，1930 年 1 月，惠特尔将他的发明提交英国专利局，并得到了批准。但是，过了两年仍没有人愿意采用这项专利。

1934 年，与英国隔着一条海峡的欧洲大陆上，德国一个 23 岁的哥廷根大学物理系研究生奥海因开始考虑同一个问题——研制喷气式发动机。他把设计草图给一个汽车机械师看，机械师赞同奥海因的想法，并同意造一台试验样机。样机制成之后，外形像一个定音鼓。试验时感觉这完全是一台火焰喷射器，而不像一台发动机，从喷管里喷出长长的耀眼的火焰，光彩夺目。但是一关上启动机，发动机就停了，尚不能自行维持工作。

奥海因

在英国，惠特尔的发明到 1935 年仍然无人问津，而专利已经到期，要办理延期手续需要付相当于 25 美元的费用。而惠特尔连这点钱也付不出，他的喷气发动机的专利也就此中止。幸好这时有两个商人答应建立一家公司来研制惠特尔的发动机。英国航空部同意把惠特尔“借”给该公司从事研制工作，但还很小气地规定，一个星期只借 6 小时，如果有商业收益，还应上缴政府 25%。

在德国，1936 年奥海因把他的试验样机存在的问题告诉了他的一位物理老师。教授允许他在大学里进行试验，并且给一位飞机制造商亨克尔写了一封热情的推荐信。这封信引起了亨克尔的兴趣，他给了奥海因一个职位。“但是你对研究工作要绝对保密，不能走漏风声！我担心德国航空部的官僚们知道了会来找麻烦，再不然，他们会把这项工作抢过去！”亨克尔说。

就这样，在英吉利海峡的两边，英国人和德国人互不知情地同时在试验着喷气发动机。他们各自都经历了难以想象的挫折，克服了很多技术上的困难，一步一步地走向成功。

1939 年，欧洲爆发了第二次世界大战。如果英国从一开始就支持惠特尔的研究，这时也许可以在空中取得压倒性优势。但是由于耽误了时间，这一年惠特尔的发动机刚刚可以工作。在战争爆发的当年，英国航空部才与惠特尔签订一份合同，要求制造一台供飞机使用的轻型发动机。

同一年初，德国的奥海因设计的发动机也已经就绪。7 月，亨克尔得意地向希特勒透露此事，没想到遭到元首的反对。亨克尔认为要改变希特勒的看法，唯一的办法是使喷气发动机装在飞机上飞起来，于是秘密研制了He－178 喷气飞机，还要防止德国当局的制止。1939 年 8 月 27 日，He－178 飞上了天空。亨克尔连续三天邀请德国空军官员前来观看，但都遭到了拒绝。

1941 年 5 月 15 日，英国的第一架喷气式飞机 E28/39 试飞。不久，英国航空部将该机型的第二架飞机试飞并邀丘吉尔观看，但是却没有邀请喷气发动机的发明人惠特尔。法国沦陷后，德国认为英国会很快求和，因此停止一切超过一年才能见效的研究项目，包括喷气技术。但是，柏林有两个德国工程师支持亨克尔，不顾禁令悄悄地为开发喷气技术提供方便。德国飞机设计师梅塞施米特也开始设计新的喷气飞机——Me－262 战斗机。说来令人难以置信，当德军总参谋部闻知此事之后，立即报告了前线元帅密赫。密赫竟亲

Me－262 战斗机

自跑到梅塞施米特家中，命令他马上停止 Me－262 的研制："我知道了，你不要以为可以瞒得过我。你最近在忙什么？是不是还在搞你那个什么喷气飞机？废物！无用！你在浪费时间！那是没有用的，我告诉你！"但是，梅塞施米特并没有听从密赫的命令。1943 年 7 月 18 日，Me－262 首次试飞成功，第二年年底便可以大量生产。Me－262 每小时的飞行速度比当时同盟国的任何飞机都至少快了 160 千米，爬升率也大得多。

"很好！"希特勒听说后一下兴奋起来，用手掌向腿上"啪"地一拍，"这是对战局有重要作用的秘密武器。但是我要的不是战斗机，你们马上把这个 Me－262 改为轰炸机！"这是希特勒作出的最愚蠢的决定之一。对同盟国来说，德国元首这样颠三倒四真是天赐良机，否则诺曼底战役和 1944 年的欧洲登陆战都可能遇到极大的困难。德国喷气战斗机迟迟未能投入战争，白白拖延了 10 个月宝贵的时间。

英国的喷气飞机 E28/39 也获得了成功，但出现已晚，没有在第二次世界大战中发挥作用。美国在战争末期开始研制的第一架喷气战斗机 XP－80（以后改称 F－80）使用的就是英国惠特尔研制的发动机。到了 1948 年，英国政府才终于承认惠特尔的贡献，授予他勋章和奖金。全世界许多国家、城市、大学、专业协会也给予他无数的奖章和名誉学位。

第二次世界大战结束之后，飞机推进动力的"喷气化"成为航空发展的主要趋向。军用飞机及民用航空运输都进入了一个"喷气时代"。

知识点

喷气式发动机

和螺旋桨发动机不同，它是靠空气和煤油燃烧后所产生的大量高温高压气体，向后喷射而推动飞机前进的。所以一般在机身前面和侧面都开有专门的进气口，机身后部留有喷口。喷气式发动机可获得较高的推重比，使飞机获得较高的飞行速度、高度和机动性能。

“空中巨无霸”宽体客机

波音747曾是世界上最大的远程宽体民用运输机。到目前为止，它还是世界上最常用的民用客机之一。一架波音747－400有600万个零件，平摊开来得占满一个体育场；它的机翼面积有524.9平方米，足够停放60辆小汽车；尾翼高19.41米，比普通6层楼还高；机长70.67米，客舱里可乘坐多至530名乘客，和一个小礼堂的容量差不多。它装有4台大推力的涡轮风扇发动机，总共可发出100多万牛顿的推力，可以让360多吨的飞机两分钟就腾空而起。人们称它“空中巨无霸”，也真是名副其实。然而，波音747的最早起源，仅仅源自一个孩子小小的梦想，而且研发过程中几经波折，曾多次站在夭折的边缘。波音747今天的成功，就是一个不放弃努力、险中取胜的过程。

波音747客机

20世纪30年代的美国，西雅图是西海岸一座繁华而忙碌的城市，喷吐煤烟的货轮排成长龙等待进港，码头工人们开着巨大的塔吊在不断地把货物从一艘艘巨大的货轮上卸下，而在不远处的波音飞机制造工厂，一切又是另一种景象。空气中弥漫着的是航空煤油的味道，耳畔响着的是发动机的怒吼，这个经济萧条的时期，却是航空工业快速发展和航空文化快速形成的时期。

年少的乔·萨特就是在这里，见识到了航空发展带来的巨大的魔幻般的力量。他开始梦想有朝一日，可以有一种巨大的飞船，不断穿梭往来于大洋之上的天空，飞到那个在他眼中极其遥远的地方——中国。

这是一个美丽的梦幻，很快被现实击碎的梦幻，1939 年 3 月的一天，18 岁的青年乔·萨特回到自己住的街区，发现人们笼罩在一片恐慌的气氛之中，平时嘻嘻哈哈的人们这时都变得异常严肃和悲哀，不断窃窃私语着什么。很快，乔从大人们的只言片语中得到了点消息：当时世界上最先进的飞机，波音 307 同温层飞机在西雅图坠毁了。波音的首席设计师、荷兰航空首席飞行员、多名政府要员和商界巨子魂断蓝天。这是整个西海岸有史以来最惨重的空难！

乔·萨特

梦想是美丽的，现实却充满了残酷和鲜血。事故的原因很快查明，飞机的设计出现了严重失误，平衡尾翼仅仅小了那么一点点，导致遇到复杂的气流变化的时候，难以提供足够大的操纵力矩，以至于飞机坠毁。

这件事给乔的触动很大，飞行，并不全是浪漫，也充满了严肃，一点粗心和马虎都是要不得的。乔·萨特在那一年考上了著名的华盛顿大学飞机设计系，随后，他遇到了一位文静内秀的女孩子，并且最终把她娶回了家。看样子，一切都很美好。

然而第二次世界大战的爆发改变了将要发生的一切。乔·萨特应征入伍，来到军舰上成为一名海军军官，在海上与风浪战斗，警惕地观察着敌情。还好，几次危险最后都有惊无险地过去了。他退伍后重新回到了家乡，来到波音公司。从此，他的一生与波音这个名字结缘。年轻的工程师乔·萨特很快被任命为波音747的总工程师，他热血沸腾，摩拳擦掌，准备大干一场。

波音747的出场背景是20世纪60年代，这是个“美国梦”到达顶峰的年代，这时，美国发生了太多太多的事情。波音747是作为军用运输机为美国空军设计的。在美国空军战略运输机的竞争中落选之后，波音公司面临着进退两难的局面：就此罢手，几年的心血等于付诸东流；继续投资，则面临极大的风险，因为当时波音公司的财政状况并不好，如果投入10亿美元而找不到购买产品的用户，它就得破产。在关键时刻，波音选择了冒险，1966年4月波音公司在只有一个订户的情况下就宣布要研制大载客量的远程客机。不过，它遇上了好时机：到60年代中期，由于喷气客机迅速普及，空中旅行票价大幅下降，旅行人数激增；1967年波音公司交付了第1000架喷气客机；这一年，美国还出现了第一家全喷气飞机的航空公司——环球航空公司。不少航空公司希望要更大的飞机，而当时大推力发动机的出现也给研制大型飞机创造了条件。

波音747客机

按照波音的规划，波音 747 是一种起飞重量超过 300 吨、机体宽度相当于以往飞机的 2 倍、装四台普惠 JT9D 发动机、联合起来可以给一座中等城市供电的庞然大物。每一项几乎都是全新的挑战，而当时公司的想法过于天真，对问题没有足够的重视，很快，波音公司在 747 项目上，技术遭遇难关，资金遭遇断链，市场遭遇冷场的打击相继袭来，原本强大的波音很快垮了。

JT9D 发动机，是普惠公司研制的新型发动机，作为 747 项目的配套工程，普惠在其中投入了巨资，然而，这种发动机却无法解决气流畸变，冷却系统效率低下等几个严重技术问题，导致装机之后无法正常工作。甚至飞机还在跑道上滑行的时候就会出现过热。缺乏经验的普惠几乎被整垮。

随后，波音公司制造出的飞机由于质量问题再度被泛美航空拒收，同时，市场上各大航空公司对此均采取了观望态度。机场上停满了已经出厂却无力交付的飞机。整个西雅图的机场都被飞机塞满，机场成了“养机场”。再后来，波音公司为了度过经济危机被迫开始大量裁员，一下子有接近 2/3 的人被裁减，乔·萨特的波音 747 项目组最为倒霉，他几乎被裁成了光杆司令。整个依赖航空工业的西雅图顿时万户萧条，好多房屋人去楼空，繁华的街头变得空荡荡的，显得有点凄凉、有点恐怖。街上的大广告牌上，密密麻麻的广告不见了，一句充满黑色幽默的标语写着“最后一个离开西雅图的人，别忘记关灯哦!”

乔·萨特眼前摆着的是一个可怕的烂摊子。办公条件恶劣就不说了：办公室下面就是锻压车间，其中大型压力机工作产生的震动震得家具都在跳动。身旁的人越来越少，波音的高层愁眉苦脸，他们已经做好了最坏的打算——破产清算。而乔·萨特的办公桌前，摆着的是一堆问题——机翼设计出现严重失误!

一切都指着绝望的方向。

“不！不能忘记梦想。”

乔·萨特很快找到了捷径，自己的队伍经过这次大裁员，可以更加高效地完成工作，他减少了行政审批程序，更好地节约了资源。为了项目，他东奔西跑，一次在路上思考问题走神，结果稀里糊涂地把车开上了铁路，差点被火车撞死。为了JT9D发动机的种种技术问题，他冒着巨大的阻力和风险与普惠周旋，帮助他们改进管理和技术，让他们可以早日造出合格的JT9D发动机。不久之后，747项目取得了突破性的进展。

1969年，波音747首飞成功，期间，来自世界各地40多个国家的几百位美丽的空姐，一起聚在巨大的飞机前迎接着新一代大型客机下线。20世纪70年代，波音747开始畅销海内外，曾经濒临破产的波音公司起死回生不说，还依靠着波音747项目，很快占据了市场的最高点。乔·萨特更忙了，他不断地参加世界各地的航展和航空公司的竞标。80年代，他来到中国，见到中国人自己研制的运-10，他赞不绝口，认为这是他见过的最出色的飞机之一。然而，运-10项目很快由于种种原因夭折。

今天，747家族已经过了不惑之年，不但没有退役，反而是远程货运和客运的绝对主力！穿梭于五大洲的747实现了当年那个孩子的梦想。而新的747-8，也在以更加舒适，更加便捷，更加环保的新面貌示人，带给人们全新的飞行体验。但是其他公司面对波音宽体客机的垄断，也没有放弃自己的努力。现在，欧洲空中客车工业公司已发起了挑战，开始研制新一代巨型客机A380。A380将是新的“巨无霸”客机，该机机长73米（波音747-400为70.66米），翼展79.8米（波音747-400为64.31米），按三级舱位局可载客555

A380客机

名，航程 14800 千米。据称，该机将采用最新技术，为乘客提供更舒适的环境、更低的噪音以及更经济的运营成本，新的“空中巨无霸”就要翱翔蓝天了。

知识点

客　机

客机，狭义指民航客机，是体型较大、载客量较多的集体飞行运输工具，用于来往国内及国际商业航班。民航客机一般由航空公司运营。执行商业航班飞行的客机主要分为干线客机、支线客机。客机按航程分为短程、中程、远程。客机按起飞重量与载客量分为小型、中型、大型。客机按驱动方式分为螺旋桨式客机、喷气式客机。

伊留申的“伊尔”强击机

苏联伊留申设计的伊尔－2 及其后继机伊尔－10 是第二次世界大战中最著名的强击机。它们都有强大的火力、良好的机动性和坚固的装甲，被誉为“飞行坦克”。伊尔－2 曾在 1943 年的库尔斯克战役中，一天就摧毁数百辆敌军坦克，被德军称作“黑色死亡”。伊尔－2 总共生产了 36163 架，是世界上产量最高的作战飞机。

伊尔－2 强击机

1938 年初，苏联航空工业总局局长谢尔盖·伊留申向苏联政府建议，面对敌人现代化的纵深防御、强大的火力和高度机动能力，苏联必须尽快研制新一代强击机，因为当时的强击机没有适当的防护设备，很容易被击落。他要设计一种在要害部位都有装甲防护的强击机。为此，他辞去了局长的职务，专门去当飞机总设计师，设计一种“飞行坦克”。

制造“飞行坦克”是一项十分艰苦而又复杂的任务。要把飞机各要害部位全都安上装甲，势必大大增加飞机本身的重量，这对设计一种集可靠防护、强大火力和良好的机动性能于一身的新型飞机来说，是一个大的障碍。但总设计师伊留申成功地解决了这些矛盾：他巧妙地把设计成流线型的装甲作为飞机骨架，马达、座舱、发动机等要害部位全都安装于坚固可靠的装甲机体之内。

伊尔 –2 的雏形——原型机 BⅢ –2 试验型装甲强击机于 1939 年问世。机上装有一台亚历山大·米库林 AM –35 型水冷发动机（功率 993 千瓦）和三叶螺桨，这是一架双座飞机。但是，为了增加载油量，军方坚持要改成单座飞机。他们认为，装甲本身就是良好的防御手段，干嘛还要一名射手呢？尽管伊留申再三强调双座飞机的优越性，但订货人依然固执己见。不得已，伊尔 –2 强击机只好改成单座飞机投产。1941 年 3 月，试飞员康斯坦丁·雷科夫试飞该机成功。5 月 18 日，在沃罗涅日工厂投入批量生产，当月即出厂 84 架。在当年 10 月工厂撤退到东部后方之前总共生产了 1134 架。

伊尔 –2 强击机在苏德战场上取得了一次又一次的辉煌胜利。但是，前线也不时传来令人痛心的消息：狡猾的德国鬼子已经渐渐掌握了“飞行坦克”后部防护较差的弱点，因此，常从飞机后方发起攻击，将其击落。根据斯大林的命令，伊留申的设计人员们昼夜奋战，把单座机改成双座机。他们为改装单座飞机绞尽了脑汁，最后决定先冲压出射击员座舱骨架，然后由工厂派出工作队，对停在莫斯科近郊机场上的单座飞机进行改装。1942 年年中，工厂开始批量生产双座机。此时的“飞行坦克”不仅增加了射击员座舱，而且以 AM –38 型发动机取代了原来的 AM –35 型发动机，单台发动机功率由 950 千瓦增加到 1290 千瓦；此外，为了加大空中突击能力，又以能够摧毁敌新式坦克装甲的37毫米航炮取代了原来的23毫米航炮。飞赴前线的双座伊尔-2强击机既增强了自身防护能力，又加大了动力和突击能力，为卫国战争的胜利立下了不朽的功勋。伊尔-2参加了德苏战争的全过程并参与了消灭我国东北地区日本关东军的战斗。

1943年7月，第二次世界大战历史上规模最大的坦克对坦克战役——库尔斯克大会战中，伊尔-2首次使用了聚能破甲反坦克炸弹。飞行员威特鲁克率领6架伊尔-2，只用一个起落就击毁15辆敌军坦克。7日，仅20分钟就有70辆德国坦克被打瘫在地面。2个小时内，另一支伊尔-2部队又使270辆德军坦克变为废铁。在这次战役中死亡的德国士兵达1万人，他们被伊尔-2吓得闻风丧胆，把它比作“黑色死亡”。面对伊留申的“飞行坦克”，戈林这位纳粹德国不可一世的空军元帅简直有点无可奈何。最后，只好命令将Fw.190型战斗机进行改装，充当攻击机使用。Fw.190战斗机原本是一种性能还不错的飞机，但是，装上附加装甲的Fw.190歼击机却重量大为增加，机动性能明显下降，其作战效果也就可想而知了。

大量生产的伊尔-2M3攻击机采用常规布局，尖尖的机头是三叶螺旋桨的桨毂罩，紧接着是一台水冷式活塞发动机。座舱、发动机和重要设备都有装甲保护，装甲厚度6~12毫米不等。串列双座座舱后部是一挺12.7毫米活动机枪，用于自卫。梯形下单翼可将主起落架收入。机翼下可挂各种炸弹400~600千克，或挂82毫米PC-82火箭弹8枚，或挂PC-132火箭弹4枚。机翼内2门20或23毫米机炮用于对地扫射。

随着德军“虎”式和“豹”式坦克不断改良，伊尔-2也面临新的挑战，伊留申设计局就对伊尔-2进行了重大改进。1943年研制成功伊尔-10，采用全金属结构，机身延长，改善了纵向安定性。各部位修形减阻，换装1470千瓦的AM-42水冷发动机，重新调整了装甲系统，装甲质量从700千克增加到950千克，对坚硬的点状目标的击毁率有所提高。1944年秋伊尔-10服役，但到1945年2月才真正参战，加速了德日法西斯的灭亡。伊尔-2在大战中共生产了36163架，成为世界战争史上产量最高的军用飞机。在攻克柏林的战役中，伊尔-10开始崭露头角，很快也成为空中明星，部队中涌现不少战斗英雄，如飞行员布柳哈诺夫在牺牲前一人就击毁坦克40辆、火炮3门、火车1列和卡车152辆。

我人民空军于1950年装备伊尔-10型飞机。1955年解放一江山岛的战役中，伊尔-10参加了我军首次三军协同作战，掩护陆军登陆，并重创国民党海军“衡山”号修理舰。1972年，我军的伊尔-10全部退役。

伊尔-10强击机

知识点

强击机

强击机主要用于从低空、超低空突击敌战术和浅近战役纵深内的小型目标，又称攻击机，旧称冲击机。它用于直接支援地面部队作战，摧毁敌方战役战术纵深内的防御工事、坦克、地面雷达、炮兵阵地、前线机场和交通枢纽等重要军事目标。强击机具有良好的低空操纵性、安定性和良好的搜索地面小目标能力，可配备品种较多的对地攻击武器。为提高生存力，一般在其要害部位有装甲防护。

人力飞机

人力飞机居然升空而起，并且飞过海峡！这是百年航空中一大轶闻趣事。

人力飞行始终是人类对飞行最原汁原味的追求。不要说从古代起，对飞行怀着热切期望的人向往像鸟一样扑翼飞行；即便是近代人，当他们看到自行车可以在地面成为这样方便省力的代步工具，在水面也有脚踏船如履平地般地行驶时，他们仍会想是否能有“空中自行车”，方便地骑着升空飞行。航空向往者这种潜在的憧憬，被一些企业设置的奖金激活，形成了具体的探索行动。在人力飞行方面的成就，也构成20世纪航空活动的一角。

人力飞机

今天的飞机，不论速度、高度、飞行距离都已经大大超过鸟类的飞行能力，但是用自行车似的脚蹬飞行在技术上是非常困难的。这主要因为人力在一段时间内能够稳定地发出的功率仅约294瓦。这么小的功率，要飞机产生托举驾驶员本身及飞机结构的重量所必需的升力，就必须将飞机的结构设计得非常轻，阻力设计得特别小。这远远超过了对一般飞机的要求，为此需要使用特殊的材料，并且用很高的精确性来设计。一句话，利用最原始的动力——人力来飞行的飞机，却需要在结构和空气动力设计上使用最先进的技术。

1959年，英国实业家克雷默宣布设立奖金，奖励给第一个能用人力飞机在空中飞出一个指定的“8”字形航线的人。这个奖设立后，18年内没有人能够获奖。日本东京大学的航空学教授木村秀政曾制造过航空模型。1974 年，他领导一批大学生联合发明了一种翼展很长的人力飞机，创造了直线飞行 2094 米的飞行记录。这虽然在当时造成很大的轰动，但毕竟没有达到“8”字形飞行的获奖要求，于是奖金的数额在几年中不断增加，最后提高到了 5 万英镑。

1977 夏天，美国加利福尼亚州的萨夫特机场，一架尺寸巨大，形状古怪，蒙皮像蝉翼般透明的飞机停在跑道上。这飞机翼展达到 30 米，极细的骨架上蒙着薄薄的透明塑料薄膜。机身头部有一个驾驶座，备有自行车式的脚蹬。机身前方伸出一根细长的铝杆，在前端装着一片前翼。飞机使用不锈钢丝作张线。

这是美国人麦克雷迪设计制造出来的一架人力飞机。他本人 20 多年前是世界滑翔赛的获奖者，后来从事应用空气动力学的研究，在一年前开始研制人力飞机。他研究了飞“8”字形航线失败的那些设计，认为主要原因是转弯时长长机翼的内侧触地。因此他认为不能采用常规飞机的布局。

他找到一位空气动力工程师，组成一个研制小组，用电子计算机算出翼型和螺旋桨叶型的理想形状，采用最轻的材料，用一个月时间设计制造出第一架人力飞机，翼展 27 米，重量 23 千克。这架飞机在 1976 年 9 月进行了试飞。设计师有三个儿子，分别是 17 岁、14 岁、10 岁，他让孩子们去蹬踏飞机，居然都飞起来了。最小的儿子虽然年龄小，力气弱，但是重量也轻，所以飞机仍然飞了起来。

设计者麦克雷迪经过一年的调整和试验，他觉得可以造出一架更好的人力飞机，向“8”字形航线冲击。这架飞机取名为“蝉翼秃鹰”，翼展 30 米，纵横比是 12. 8。这个比例比其他的人力飞机小 1/2。重量 32 千克，比其他人力飞机轻 1/3 ~ 1/2。机翼载荷为每平方米 14 千克，为其他人力飞机的 1/3。

他觉得应该找一位运动员来当驾驶员，驾驶员的耐力应该可以在试验中连续 7 分钟发出 330. 75 瓦的功率。结果他找来一位 24 岁的自行车运动员艾仑，他身高 1. 82 米，体重 62 千克，他参加过自行车赛，也练习过滑翔。1977

年8月23日7时30分，艾仑进入座舱，以半仰的姿势坐在座位上，用力踏蹬前方的脚蹬。螺旋桨以每秒钟100转的转速旋转起来。飞机向前滑行，很快飞离了地面，并在两根距离800米的标杆间飞出一个“8”字，速度每小时18千米，飞行3分28秒，起飞后全程飞行中高度超过3米。驾驶员奋力蹬踏发出平均257.25瓦~294瓦的功率。竭尽全力地蹬着踏板，把摇摇晃晃的飞机勉强维持在空中，是多么不容易！

艾仑完成了“8”字飞行，跨出座位时向跑来的同伴们笑着说：“真是一次妙不可言的飞行！”“8”字形航线奖被夺取后，原奖金提供者克雷默进一步提出10万英镑“人力飞机飞越英吉利海峡奖”，这个奖再次被麦克雷迪获得。以后，克雷默继续向英国皇家航空协会捐赠10万英镑，作为人力飞行速度竞赛的奖金。飞机可以在起飞时使用贮能装置，但所贮的必须是驾驶员本人在起飞前10分钟内发出的体能。

在20世纪内，人力飞行在社会人士的激励下不断取得进展，实现了凭人的体力飞离地面的古老愿望。这种活动促进了轻质材料和结构以及低阻力气动设计技术的发展。但是人力飞机要实际投入使用还为期甚早。有人设想，如果不严格限制必须使用人力，可以使用小功率的发动机的话，则采用1.1千瓦~1.5千瓦的动力就有可能做有效的飞行。只是，这种飞机必然有很大的机翼面积和很长的翼展，正式投入使用还是很不便利。所以，真正带有实用价值的最小规模航空器，还是超轻型飞机。

为了“人力飞机”的极轻翼载造成相对一定质量来说很大的机翼面积，以及极轻的结构重量和极小的阻力，而发展出来的相应技术，很适宜用在“太阳能飞机”上。因此，在“人力飞机”之后出现了“太阳能飞机”，可以说是在同一条技术发展途径上的延伸。

隐身战机

出于保密的要求，飞行员每天进行着隐身飞机的训练，而他的妻子对此一无所知。在长达数年的时间内，美国空军上校惠特利的妻子不知道他从事什么工作，更不知道他是个“隐身”飞行员。

惠特利和他的战斗机

看到“隐身”二字，人们首先想到的可能是科幻小说中的“隐身人”。但是隐身飞机并不是想象中的“隐身人”那样是透明的，而是指用雷达难以探测到。当敌方用高性能军用飞机入侵的时候，用肉眼看到时距离已经很近，风驰电掣般就飞过去了，防御系统很难作出有效的反应。而雷达探测的范围可以达到几十千米甚至几百千米，比肉眼看到的距离大几十倍到几百倍。对现代战争而言，用雷达、红外探测、噪声监听等技术发现来袭的敌机，比用肉眼观察敌机重要得多。因此，“隐身飞机”虽然不是指在视觉上看不见，但是对雷达及一些现代探测技术手段的“隐身”，使这些现代探测技术都对之失效，无疑对飞机的生存力有更重要的作用。

F－117 是美国从 1978 年 11 月开始研制的第一种“隐身”战斗机，是由洛克希德的“臭鼬工程队”研制的。“臭鼬工程队”是洛克希德公司的著名研制集体，由 20 世纪美国传奇飞机设计师约翰逊创建。这个集体曾经研制过像 F－104、U2 及 SR－71 等当时性能领先、名噪一时的飞机。他们在研制世界第一种隐身飞机 F－117 上再次闯出了新路。

这种飞机外形很奇特，不同于常规的飞机。它的外表不是光滑的流线型，

F-117 隐形战斗机

而是有棱有角的，看不到进气道，一眼看去简直像一座老式化铁炉。习惯于常规飞机式样的人们第一次看到它时，甚至会怀疑：这个像一座化铁炉似的东西，能飞起来吗?

尽管这种飞机的外形与常规战斗机截然不同，但是它的驾驶舱内的布置却使人感到熟悉。这是因为“臭鼬工程队”的设计者们集中精力来突破飞机对雷达和各种声光探测的“隐身”性能，分不出更多精力来改进它的设备。F-117 上借用了常规战斗机或轰炸机上的许多已有的设备和系统，进行综合以后用在 F-117 上。

1982 年 6 月，一架作战型的 F-117 首次试飞，试飞地点位于内华达州中部一个偏僻地区的汤诺帕训练基地。当时由一名洛克希德公司的试飞员进行首次飞行，但飞机在起飞时就坠毁了。工程师们研究了事故原因，找到了问题并作了改正。几个月后他们运来了第二架。由于不能让任何无关人员看到这种飞机的存在，试飞时间定在夜间进行。当夜由惠特利试飞，荒漠的夜空里繁星点点，在茫茫夜色中吉凶难测。

F-117 没有训练用的飞行模拟器，也没有双座的教练机。所以，初飞这种形状古怪的飞机的驾驶员都感到神经紧张。惠特利一连几次打算起飞，但先遇到液压系统故障，又遇到飞行计算机的毛病，几次尝试都没有飞成。

终于，惠特利顺利起飞了。在沉沉夜幕中，谁也看不见他；而飞机又是对雷达和其他探测系统“隐身”的，任何探测设备也探不到他的存在。他真的"隐没"进了沙漠上的夜空里，神不知鬼不觉地飞翔。这种奇妙的感觉，不论对在夜空中飞行的他，还是对在地面明知他已起飞却无法在雷达上发现他的地面工作人员，都是一次难忘的经历。

从这一年开始，"臭鼬工程队"以年产8架的速度交付该机，到1990年7月，共交付了59架。惠特利等F－117的战斗机飞行员在3年左右的时间里，完成飞行员训练，形成战斗力。他们在这种飞机问世后的前7年中，只在夜间飞行，即使基地附近的人也不知道有这种飞机的存在。因此，飞行员们都把自己称为"夜鹰"。而且，他们参与这项工作时，不准向家属暴露身份。惠特利的妻子只知道他每周五从基地回来，每周一离家去基地，五年下来，也不知道他具体在做什么。这是自从美国研制原子弹的"曼哈顿工程"以来，保密工作做得最严密的一项武器研制项目。

F－117 隐形战斗机

1988年11月的一个晚上，惠特利正在家里坐在妻子身旁看电视。美国电视晚间新闻中，主持人庄重地说："现在播出重要消息，美国国防部'五角大楼'已经证实，内华达州有秘密的'隐身飞机中队'存在。"惠特利心中一紧——这是在说他！但是他不动声色。他的妻子看着这条新闻，也没有特别的反应。她始终不知道自己的丈夫便是这个中队的头头，一直领导着战斗机联队进行着隐身实战训练。她更不知道，3 年后，她的丈夫将是驾驶隐身的 F－117 第一个执行战斗出击的飞行员。

1990 年 3 月，F－117 首次公开展出。9 个月后，F－117 投入了海湾战争。在 43 天的战斗中，共出动过 1300 架次，投弹 2000 吨。这种隐身飞机的飞行速度并不快，机动性很差，而且没有防御武器。但是，用隐身飞机实施攻击，它所具有的最大优势在于它的“隐身”能力。敌人很难发现它的踪迹，来了也不知道，导弹也不能对其进行跟踪。因此这种飞机虽然出动很频繁，担负了很重的战斗任务，战果也很显著，却无一伤亡。

1999 年，在对南斯拉夫的战争中，F－117 就是轰炸我国驻南联盟大使馆的罪魁祸首。但是在战争中 F－117 也被防空炮火击落一架，打破了 F－117 不可战胜的神话。到 21 世纪初的今天，“隐身”性能已经成为对第四代战斗机的基本要求。

飞机轶闻奇事

FEIJI YIWEN QISHI

飞机的出现是人类科技制造上的一个巨大进步，这个进步不是一蹴而就的，其间发生过许多或有趣、或惊悚，现在看起来几乎不可能发生的故事。这些轶闻奇事也给飞机这个人类的科技结晶增加了不少艺术或史迹资料。

号称拥有世界最不可突破空中防御的前苏联竟然被德国一个业余飞行爱好者驾驶一架小型飞机轻易突破，降落在莫斯科红场上，使苏军的颜面尽失；总统在办公室突然看见窗外一架飞机正冲着他飞过来，惊恐之余也令人喷饭。这些少有公开记述的轶闻奇事都与飞机有着直接的关系，欲知更多此类故事，请阅读本章。

国产飞机第一个乘客

中国早期航空史上，有三位航空女杰，其中两位——朱慕菲和张瑞芬都是驾驶飞机翱翔蓝天的女飞行员，而另一位则是根本不会驾驶飞机的宋庆龄。很多人都对连飞机都不会驾驶的宋庆龄被誉为“航空女杰”而感到奇怪，这其中就有一段鲜为人知的故事。

宋庆龄和“乐士文”号

1923年6月，中国国内第一架飞机在广东造出，7月，将在广州大沙头机场举行隆重的飞机试飞仪式。一直关心中国飞机发展事业的民主革命先驱孙中山闻讯后十分赞许，偕同夫人宋庆龄女士一起前往大沙头参加了试飞典礼。主持这架飞机试飞的是当时被孙中山任命为广东航空局局长兼飞机制造厂厂长的杨逸仙。他向孙中山报告说，这是一架双座飞机，飞行时除驾驶员之外，还可以携带另一名乘客上天。因此他想邀请孙中山的一位同行者作为乘客参加试飞。孙中山听了十分高兴，就转身问了问身边的随从人员，看谁有兴趣做这个中国制造的飞机的第一个乘客。

但随从人员听了，都很害怕，他们都对飞行的安全性心存忧虑，身子都不自觉地往后缩。孙中山微笑着，眼睛从他们脸上一个一个扫过去，但是没有看到任何人响应。正在孙中山感到忧虑的时候，突然身边传来一个女士的声音：“我上!”孙中山仔细一看，原来是站在自己旁边的夫人宋庆龄。在场所有人都吃惊地看着宋庆龄，孙中山脸上的微笑也消失了，他严肃地打量着夫人，仿佛不相信刚才听到的话。宋庆龄感觉好像刚才的话别人没听清楚，就平静地复述了一遍：“还能再上一个人参加试飞。我上!”她又转向孙中山，微笑着问道：“可以吗?”笑容再次出现在孙中山脸上，他这次不仅听清楚了，而且欣赏夫人的勇敢从容。他容光焕发，赞许了。

于是，宋庆龄带上飞行帽和护目镜，登上了飞机，当天由飞行员黄光锐驾驶飞机，在广州上空飞行了两圈。飞机在空中时，机上听不见地面上人群的欢呼和掌声，但是这种欢呼声却自始至终一直没断——这是希望的放飞，这是进取的宏图大展，这是对全体航空人员亲切的慰问和无比的信任！

整个飞行过程中，除了兴奋的群众，还有一个人也在目不转睛地观看这次飞行，他就是这架飞机的研制者杨逸仙。杨逸仙，1891 年出生于广东香山县（今中山市），是孙中山的同乡。他父亲杨著昆是旅美爱国华侨，他也自小旅居美国，长大后就读于美国夏威夷大学。

杨逸仙受父亲影响，对祖国有深厚的感情。孙中山建立的同盟会在檀香山成立支部时，杨逸仙是第一批会员之一。孙中山见到他时，曾对他说："我字逸仙，你的名是逸仙，两个字完全一样，真是巧合。"杨逸仙回答说："不是巧合，而是我敬仰先生，特地将我的名字取先生的字。"加入同盟会后，杨逸仙认识到革命救国必须拥有新式武器，便转到加利福尼亚大学研读机械专科。后来他又转到纽约茄米斯大学航空系，专门研究水路飞机机构性能和驾驶技术。因成绩优秀，飞行技术精湛，他获得了万国飞行协会水上飞机和陆上飞行的执照。

孙中山一直是中国近代航空工业的倡导者。他作为中国民主革命的先驱，为了实现外御侵略、内除军阀、统一全国的目的，大力倡导"航空救国"，并多方开辟途径，培养航空人才，发展航空事业。辛亥革命前，孙中山在筹划革命期间，就曾游历了英、法、美、日等国，目睹了西方飞机的发明、发展以及具体应用情况，他深刻意识到飞机对于军事作战及国家建设的重要性，努力提倡发展航空事业。1911 年 12 月下旬，孙中山致函海外革命党人，请他们协助组建飞机队。1915 年底至 1916 年春，袁世凯阴谋称帝，全国掀起了声势浩大的讨袁运动。孙中山亲自指挥作战，发表了《第二次讨袁宣言》。其后，孙中山赴日本重建革命队伍，制订了中华革命党革命方略，特别将"掌握飞船（飞机）飞艇之编制装配、制造、修理"列入海军部组织条例第六条中。

孙中山在推动近代航空工业发展中，特别重视航空人才的使用和奖励。1918 年，由于当时革命形式的发展，孙中山写信召杨逸仙回国。孙中山对杨逸仙说："你对于飞机学问，一向研究很深，希望你这次能尽力展现你的才能。帮助广州军队，除去军阀，建功立业。"他还说，"在现在这种风云变幻的局势下，援闽越粤，关系到国民党最大的前途，如果能得到杨逸仙的帮助，革命一定会有起色。"

杨逸仙积极响应了孙中山的号召，回家参加革命。1919 年，援闽粤军正式成立飞行队，杨逸仙任总队长。1920 年广东莫荣新叛变革命，杨逸仙亲自驾驶飞机轰炸广州观音山的叛军，帮助革命军将广州从叛军手中收复。杨逸仙担任航空局长兼飞机制造厂厂长后，随即组织工程技术人员成立了工程科，负责飞机的制造和维修工作。孙中山和夫人宋庆龄也十分关心飞机的制造，多次去工厂视察、慰问。

宋庆龄作为中国制造飞机的第一个乘客，在广州上空绕行两圈，对于当时从事航空的人员来说，无疑是莫大的鼓舞。当时人们对飞机还不了解，特别是由于当时中国工业落后，人们对自己国家制造的飞机还不敢信任，所以当杨逸仙邀请群众作为乘客的时候，无人应声。这时，宋庆龄却无畏地站出来，镇定地登上飞机，并成功跟随飞机飞行两圈，无疑大大增加了飞行员和航空技术人员的信心。

飞机着陆以后，出于对宋庆龄的钦佩，全体在场人员联名请求用宋庆龄在美国求学时的英文名字 Rosamonde 的广东话英译——"乐士文"来命名这架飞机。孙中山也欣然接受了众人的建议，并与夫人在飞机前合影留念。随后，宋庆龄还坐在飞机座舱位置留影纪念。

"乐士文"号飞机为双翼机，机身主要由木质结构和钢管焊接混合制成，对角以钢丝连接加强，外部以层板蒙盖。这是双人座机，可以作为军用侦察机、教练机、轰炸机等。发动机为一台无盖板、水冷式仿詹尼 4B 型美国寇蒂斯公司生产的 OX－5 型 8 气缸活塞式螺旋桨发动机，飞机翼展 10.16 米，机长 6.40 米，总重量为 730 千克。垂直尾翼采用当时英国和德国的一些教练机、战斗机的混合体，运用金属杆加强。该机巡航速度约每小时 120 千米，装有炸弹架，可带 4 枚 25 千克炸弹。"乐士文"号试飞后交航空队使用，曾参加攻击惠州叛军陈炯明部的战斗。同年 10 月底，陈炯明派奸细深夜潜入大沙头飞机库纵火，“乐士文一号”和一部分飞机器材同遭焚毁。1923 年 9 月，杨逸仙在一次战斗中，在使用鱼雷前，因鱼雷在地面意外爆炸不幸捐躯。

“乐士文”号

今天，在广州黄花岗烈士陵园内杨逸仙的墓碑上，还有“乐士文”号飞机的模型。此外，在中国航空博物馆，以及其他一些航空展览馆内，都陈列着“乐士文”号飞机的模型。在航空爱好者和青少年中，传诵着宋庆龄在我国航空事业的早期，就身体力行支持过航空事业发展的故事。出于这个原因，将宋庆龄与另外两名优秀飞行员并称为中国早期航空女杰也就不足为奇了。

知识点

宋庆龄

伟大的爱国主义、民主主义、国际主义战士，举世闻名的二十世纪的伟大女性。她青年时代追随孙中山，献身革命，在近七十年的革命生涯中，坚强不屈，矢志不移，英勇奋斗，为中国人民的解放事业，为妇女儿童的卫生保健和文化教育福利事业，为祖国统一以及保卫世界和平、促进人类的进步事业而殚精竭虑，鞠躬尽瘁，作出了不可磨灭的贡献，受到中国人民、海外华人华侨的景仰和爱戴，也赢得国际友人的赞誉和热爱，并享有崇高的威望。

让飞机自己飞

20 世纪初飞机被首次用于飞越英吉利海峡时，在茫茫海峡中央，驾驶员前后看不到海岸，约有 10 分钟不辨方向。驾驶员只好松开操纵杆任飞机自由飞行，最后成功飞越了海峡的地理阻隔，在欧洲大陆和英伦三岛之间首次架起了空中桥梁。

在 20 世纪的前 10 年内，各国热心研制飞机的航空先驱们，陆续推出不同型式的飞机，飞机的性能也在不断得到提高。1909 年 6 月，法国的布莱里奥驾驶他自己研制的布莱里奥Ⅺ型飞机首次成功地飞越了英吉利海峡。这是一架小型单翼机，于 1908 年 12 月在巴黎展览会上首次亮相。它的翼展有 7.8 米，长度为 8.8 米，是布莱里奥所研制的第四个成功的型号，于 1909 年 1 月首次试飞。

布莱里奥曾在巴黎学习工程。在 1900 年他设计过一架扑翼机，但飞行试验宣告失败。挫折并未阻止他继续研制实用的飞机。他在 1905 年与人合作研制过水上的滑翔机，以后又试验过几种双翼机。而后他转向研制单翼型的飞机，第一种成功的型号为布莱里奥 V 型，1907 年飞上了天空，可以说是世界上最早成功的单翼机。

布莱里奥用来飞越英吉利海峡的Ⅺ型飞机，与莱特兄弟等早期的飞机相比，可以看出设计上变得更加简洁，逐渐具有了后来的先进飞机的模样。比如，莱特兄弟的飞机上，除了几块大面积的蒙布翼面之外，其他部分都是裸露的构架，并且机翼、水平翼面和垂直翼面都是双份，螺旋桨也是双份，由单台发动机用链条带动。而布莱里奥Ⅺ型飞机上已经初步呈现出机身、机翼和尾翼等部件的形状。

布莱里奥Ⅺ型飞机座舱内还设计了一个很奇特的接头，呈倒置的杯形，被称为“钟”，是布莱里奥在 1908 年获得的一项专利。这个接头连接四根钢索，其中两根是操纵机翼的左右倾斜，另两根则用来操纵尾部的升降舵，而方向舵则用脚蹬来操纵。这种操纵方式，到今天仍为许多飞机普遍采用。

1909年7月25日清晨，布莱里奥两点半就起床了。几天前，在一次飞行事故时他还有一只脚烧伤了。这天清晨他开着汽车在外面兜风，看到连续刮了几天大风的天气开始变好，于是他在清晨4时35分驾驶他的单翼机起飞，正式开始飞越海峡。他首先飞越一座沙丘，见到一艘护航的驱逐舰正在海上等候。10分钟后，飞机飞过了驱逐舰。布莱里奥转头四面看看，顿时惊讶地发现他已经找不到那艘军舰，也看不到英国和法国的海岸，他正独自一人飞行在茫茫的海上，四面什么都看不到。他迷失方向达10分钟之久，处身在陌生的海域，孤立无援地飘荡在海峡中央的上空。他只好把手和脚轻放在操纵器上，让飞机自己去飞。

在离开法国海岸20分钟之后，他终于看到了英国多佛尔的峭壁、城堡。海风已经使飞机偏离了航向，他当时的位置已经在预定着陆点西南一段距离之外。他用脚蹬控制飞机向西转弯，但峭壁附近风力很大。这时他看到峭壁上有一块开阔地。虽然还可以继续飞行一个半小时，但他觉得反正海峡已经飞过了，便在那块绿草如茵的开阔地上着陆，就这样胜利地完成了首次飞越英吉利海峡的壮举。

今天，这架布莱里奥Ⅺ型飞机还保存在法国巴黎的国立工艺博物馆内。正是早期的飞机逐渐飞越地球上一个又一个地理障碍，后来的飞机才能在全球运输及远距离军事行动中发挥越来越大的作用。

知识点

单翼机

单翼机为仅有一个主机翼的飞机，是现代飞机的主要型式。按是否带有撑杆，单翼机可分为带撑杆的单翼机和不带撑杆的张臂式单翼机。应用最广泛的是张臂式单翼机。张臂式单翼机通常简称为单翼机。按机翼相对于机身上下位置的不同，张臂式单翼机又可分为上单翼飞机、中单翼飞机和下单翼飞机。

上单翼飞机具有向下视界广阔，干扰阻力小的优点。多数上单翼飞机存在起落架高，不易收放，飞机重量大的缺点。但现代大型运输机由于机身很宽，起落架可安装在机身下部，起落架高、不易收放的缺点可以避免。如俄罗斯的伊尔－76，乌克兰的安－124，美国的C－130、C－5等，都是上单翼飞机。

中单翼飞机的气动阻力最小，起落架也比上单翼飞机低。机翼直接穿过机身中部，结构受力形式好，便于采用翼身融合体结构。因此，现代战斗机多为中单翼飞机，如F－16、苏－27等。缺点是机翼结构穿过机身中部影响机身空间的利用。

下单翼飞机的最大优点是起落架短、重量轻、易于收放、迫降时易于保证旅客安全。很多旅客机，如美国的波音747、苏联的图－154等，都是下单翼飞机。缺点是气动阻力大。

飞越大西洋

第一个飞越大西洋的飞行员，在筋疲力尽时见到下方汹涌的海浪中的渔船。有渔船便离陆地不远了，但陆地在哪一方？

1919年，美国纽约饭店的老板奥泰格发出悬赏：第一个从纽约不着陆直飞巴黎的人可获25000美元的奖金。在随后的六七年里，有不少飞行员做过尝试，但都没有成功。这说明当时的飞机要飞越地球上像大西洋这样的地理障碍还很勉强。要完成这样的跨越，除了飞机本身的性能保证以外，还需要驾驶员的英勇、毅力和技巧。也许，还需要几分运气。

美国一名邮政飞机的驾驶员林白，研究过前人失败的教训之后，开始设想自己的越洋飞行。林白认为首先必须让飞机减轻一切不必要的重量。他需要选择一种非常合适的机种，并且，需要有人支持将这种飞机买下来。他终于说服了瑞安飞机制造公司，这是位于圣地亚哥的一家小公司，他们答应将一种单发动机飞机仅以6000美元的低价卖给林白。

后来有人这样描写这架飞机："这是一个长着翅膀的巨型油箱，外加一副螺旋桨和一个驾驶座。"有人甚至把这架飞机戏称为"飞行油桶"。飞机装的

林白

发动机功率是 165.4 千瓦，这种发动机到 1925 年还没有发生过任何意外。飞机最大速度为每小时 216 千米，续航能力可达 6400 千米。而从巴黎到纽约的直线距离为 5600 千米，飞机预计航程还有 800 千米富余。

林白和飞机设计师进行了深入讨论，对飞机进行了改装，将油箱从后面改在前面，增加容积。这样一来他的前方视界完全被遮挡住了，不得不通过装在机舱上的潜望镜来观察前方。飞机取名为“圣路易斯精神”号，以纪念捐款支援他这次探险飞行的圣路易斯市。为了减轻重量，林白决定取消飞机上与安全无关的全部设备，如收音机、发报机，以及食品柜。他在飞行中只带 5 个三明治和 3 瓶水，甚至连刮胡刀和牙刷都不带。他甚至不惜将地图上没有用的部分撕掉，以减轻那一点点重量，所以他只能凭推算来飞越一望无际的海洋。他飞越大西洋时只穿着一套飞行服，带着祖父送给他的一只怀表。

1927 年 5 月 20 日清晨 7 时 54 分，林白从罗斯福机场起飞。起飞时飞机装满了燃油，重量很大，以至滑行很长距离都不能升空。眼看飞机即将冲到跑道尽头，这次万人瞩目的飞行在没有离地之前就要失败时，飞机的机轮碰到跑道上一个小土包，把飞机颠离了地面。一旦离地，飞机就缓慢地连续上升，逐渐取得了高度。林白终于安全起飞了，向东方辽阔的大西洋飞去。

飞行 5 小时后，空中突然刮起大风，前方出现一堆乌云，一场暴风雨来临。空中不停地闪电，飞机速度减慢，上下左右摇晃，飞机有时被抛掷起来，有时又降到离海面只有几米高。在飞行了 6 小时，航程 960 千米之后，林白已经有倦意。他与自己的疲劳作斗争，振作精神集中注意力操纵飞机。

夜深了，天空繁星点点，不久又是浓云密布，星光全部消失了，四周漆黑一片。晚上 23 时左右，机舱内温度下降，林白感到脸上刺痛，这时飞行高度是 4500 米。他用手电筒向机窗外一照，看见机翼的支柱上结着白色的冰块，使他吃惊不小。

飞机飞行 28 小时后，一阵雨过后，林白强打精神继续飞行。这时天色转晴。他看到下面的海面上有 4 艘渔船。有船，就说明离岸不远了。由于整晚被海风吹得东移西晃，他已经被风刮离计划的航线，他拿不准离计划的航线有多大的距离。他绕着渔船低飞，向下大声喊叫：“海岸在哪一边?”他希望渔民听到他的喊声后，哪怕只是用手臂向某个方向一扬，说明那是离岸最近的方向，他向那个方向飞就有把握多了。但海上风浪滔滔，渔船机声隆隆，渔民根本没有听到头顶飞机上的呼唤。

林白只好继续根据磁罗盘的指示向东飞去，不久他飞到了英国上空。能看到地标后情况就好多了，他飞越英伦海峡，向巴黎冲击。

天色已晚，前方隐隐约约出现时明时暗的灯光。再往前飞，才看到地面被灯光照得通明。这是巴黎近郊的布尔歇机场。当时机场没有夜航照明设备，机场人员在林白飞机到达之前，动员了数百辆汽车，全部向飞机着陆地点打开前灯照明，把机场照得如同白昼。经过 33 小时 30 分钟，飞行了 5810 千米，克服了飞行中遇到的迷雾、结冰、风暴、疲劳和偏离航道等一系列困难之后，林白终于驾驶“圣路易斯精神”号到达巴黎的布尔歇机场，平安着陆。

林白原来以为不会有人来欢迎他。但是，当面色苍白、筋疲力尽的林白把飞机停妥后，才发觉有约 10 万法国人拥挤在这个小机场欢迎他。人们疯狂

法国人欢迎林白

地重复呼唤他的名字："林白！林白！林白！"

在大西洋的另一边，整个美国沸腾了，人们陷入一片疯狂。大家除了吃惊之外，也都以他完成这次壮举为荣。一连好几天，世界各大报纸都连篇累牍地报道林白及其成功飞越大西洋的壮举。各大城市都举行庆祝活动。美国总统柯立兰特令"孟菲斯"巡洋舰开赴英国接回林白及他的飞机。当林白回到美国时，纽约市驶出200艘船和75架飞机来欢迎他，纽约有以总统为首的40万群众举行鲜花彩带大游行，昼夜狂欢，撒下1800吨的传单和号外。当时全美为报道林白约耗去25000吨纸张，远远超过报导其他新闻的总和。

林白飞越大西洋的意义，在于用飞机来跨越地球上的地理障碍的能力达到了一个新阶段。人们有理由期待航空将会对人类社会的交通运输起更大的作用。林白飞越大西洋，成为20世纪内航空发展的一个重大事件。今天，他飞越大西洋的飞机"圣路易斯精神"号仍被陈列在美国华盛顿航空航天博物馆。

知识点

查尔斯·奥古斯都·林白

Charles Augustus Lindbergh，（又译林德伯格，1902年2月4日~1974年8月26日），美国飞行员，首个进行单人不着陆的跨大西洋飞行的人。1924年，他开始随美国陆军航空团，成为美国空军飞行员。以第一名毕业后，他成为了空邮飞行师，19世纪20年代在圣路易斯线工作。

莽汉贝奇

航空的发展需要设计飞机的人，也需要"能飞"的人。这个故事中的主人公把飞机在空中灵活地飞到连飞机的发明者也不敢相信的程度。

1914年的一天，美国总统威尔逊正坐在白宫办公室内办公，突然听到由远而近的隆隆的飞机声。他闻声转过头向窗外一看，不看则已，一看不禁大吃一惊——窗外一架双翼飞机，正鼓足了劲向他的窗口迎面扑来。飞机前端裸露的驾驶座上，坐着一个神气活现的驾驶员，此刻与总统先生大眼瞪小眼互相看得非常清楚。威尔逊总统出了一身冷汗。在仿佛要冲进窗口的最后一刻，那驾驶员将飞机笔直拉起，机翼下写得大大的“贝奇”的名字展现在总统面前。威尔逊这才想到，原来这就是他最近起草的一个文件中提到过的林肯·贝奇，是被誉为“世界第一个作特技飞行的驾驶员”。

林肯·贝奇和他的飞机

贝奇是与飞机发明者莱特兄弟同时代的人，他的出色表现是在驾驶飞机上。他平日大大咧咧，不拘小节，在飞行中动作幅度很大，被称为“飞行莽汉”。他在空中可以随心所欲地飞向任何方向，在半空中起舞、旋转，真正像鸟儿一样翻飞。

1914 年，莱特兄弟第一架飞机升空才 10 年多，他就在整个下半年内，驾驶他的“小筋斗人”号双翼飞机在全美 126 个城市表演他的飞行奇迹。有 1700 万人争相目睹了他在空中令人难忘的表演，人们称他为“空中英雄”。他马不停蹄地从美国东部赶往西部，一路在各个城市表演，所到之处都受到热烈欢迎，最热情的观众甚至跟随他从一个城市转到另一城市，专门追看他的空中表演。在他之前，还没有谁像他一样受到观众如此的欢迎。报纸将他誉为“人类史上第一位飞行天才”，给他以“飞行之神”等美称。

发展空中特技的意义，在于展现出飞机在空中运动的各种潜力。飞机的发明者也没有想到飞机竟然可以飞出这样多的花样。飞行动作的扩展丰富了飞行力学的研究课题，为空战中的攻击和防守提供了有效的战术动作。在和平时期的空中特技表演，被称为“空中芭蕾”，是一种人们喜闻乐见的体育健身项目和艺术享受。

飞机空中特技

贝奇在早期向一些航空知名人士谈到自己想在空中做“盘旋”动作时，受到这些人物的嘲笑，认为那是不可能的。但后来贝奇成为美国第一个做“盘旋圆盘”的人。他还可以当众表演“死亡下坠”，即在1500米的高度上关闭发动机向下冲去，途中还可以做出上下翻滚的斛斗等特技动作，在接近地面处再重新拉起飞机。

1914年，贝奇为大发明家爱迪生表演了令人瞠目结舌的特技飞行。他做特技时是在观看者可以看清动作的高度上表演，而不是在高空飞行，所以效果奇佳。他做了盘旋、斛斗等精彩的动作，令爱迪生啧啧称奇，不禁赞叹说：“能做这样的飞行，真是从10年前莱特兄弟实现飞行以来对航空事业的最大贡献！”

这话传到发明飞机的莱特兄弟中的弟弟——奥维尔·莱特耳中，他却感到难以相信。难道真有人能够做到这样出神入化的飞行？贝奇听说莱特对他的特技飞行能力有怀疑，便特地赶到莱特兄弟的故乡——俄亥俄州的代顿去表演。他按照莱特的要求，作了全套飞行表演——连续十个盘旋、倒飞、向上、接近失速、再机尾朝下向下倒转、再次失速、再次倒转……他还完成了两个“Z”字形特技。莱特不得不折服地说：“他的飞行技术使我迷惑，使我震惊。他的飞行简直是一首诗！我从未想到，重于空气的飞机能在空中做出这样漂亮的动作！”

贝奇经过调查，从统计资料中得知，在1914年时，俄国拥有了1500多架飞机，德国和法国也都造出了1000多架飞机，甚至连美国的邻国墨西哥也有400多架可用于军事用途的飞机，但发明飞机的美国，当时政府仅有23架军用机。为此，贝奇自费印刷了几百万份小册子，动员广大民众给国会议员们写信，要求重视航空的发展。他还特别邀请国会议员们观看他的飞行表演，但议员们不予理睬。他在绝望的愤怒之中，决定驾机直闯总统办公室的窗口，起码要吓总统一跳！

于是，便出现了本文开始时他和总统大眼瞪小眼的一幕。

他掠过总统办公室窗外，随后在空中作出多次盘旋、俯冲，几乎全城的人都涌向街头来观看这一奇观。贝奇再次向总统府俯冲而下，在人群头顶上约150米处作倒转、斛斗、上下翻腾，做出一系列令人心惊胆跳的特技动作，然后从华盛顿纪念碑上方飞过，扬长而去。

后来，贝奇听说美国国会仍然对发展航空采取不积极的态度，一次航空展览被国会推迟了会期，便决定再次直冲国会大厦作空中示威。他先到白宫上空作了几套特技，然后在仰头观看的民众的阵阵欢呼中爬升到900米高度，作出一套接一套的“空中芭蕾”动作来。

突然，他的发动机在半空中不响了。飞机在空中似乎失去了控制，向下坠落。空军医院立即出动了救护车。甚至有人向公众宣布说：“林肯·贝奇坠机身亡！”但贝奇的飞机却突然奇迹般拉平了，悄无声息地降落在离人群不远的地方。

贝奇拨开人群，出现在目瞪口呆的军医面前，笑着说：“哪有什么坠机，我从来都是这样着陆的!”他又转向街上拥挤着的群众说:“如果我刚才带着炸弹,你们早就必死无疑了。还是让我们赶快组建我们强大的空军吧!”经过贝奇四处鼓动和游说,国会最终同意拨下大批款项来组建空军。

此事过去84年后,美国航空界在1998年决定将3月15日定为“林肯·贝奇日”,以纪念这位特技飞行的创始人。

贝奇生前最后一次飞行表演是1915年3月14日在旧金山进行的,也正是这次表演断送了他年仅28岁的生命。当时旧金山为庆祝巴拿马运河的开通,正在举行巴拿马太平洋世界博览会。大会主办者邀请贝奇来做飞行特技表演,为博览会助兴。贝奇驾驶的是专为他制造的一架新式的单翼飞机“林肯·贝奇”号,该机装有一台58.8千瓦的发动机。

3月14日是星期天,现场观看贝奇飞行表演的有25万人。下午3时40分,贝奇驾驶“林肯·贝奇”号起飞,升高至1800米高度,做了一连串惊险的高空筋斗动作,然后下降至1000米左右高度向下俯冲至300米左右,就在这样低的高空,他还要再来一次俯冲,直落到150米左右,他急拉驾驶杆,使飞机回到水平位置。就在这一瞬间,先是左机翼,接着右机翼突然折断,飞机便急速下降坠入大海。刚刚度过28岁生日的贝奇为飞行事业献出了自己的生命。

飞机运煤

空运的物资一般都是价高而质轻的高档项目,像煤这样廉价而沉重的货物是轮不上空运的。但在柏林空运中,运得最大量的,偏偏就是煤。

1948年,苏联封锁进入西柏林的水陆通道,企图迫使美、英、法退出按协议分区占领的西柏林,而由苏方单独占领柏林。西方国家不甘屈服,动员了大量空运力量,靠空运维持一座大城市的运转。这是航空史上第一次罕见的大规模空运,在长达11个月中,250万西柏林居民依靠飞机运来的粮、煤、药品和日常用品,熬过了极其困难的日子。空运显示的巨大威力打破了苏联对西柏林的封锁。

那天，驻欧美军总司令克莱打电话给在德国的驻欧美国空军司令李梅："李梅将军，你那边有没有可以运煤的飞机?"

"将军，我想一定是电话线路有问题，我没有听清楚，"李梅觉得很抱歉地说，"你好像在问是不是有运煤的飞机?"

"这正是我问的，是煤。"

煤?煤是一种既沉重又价廉的大宗物资，怎么会用飞机来运?空军司令沉默了一会儿，他想不出为什么要用飞机来运煤，但是既然驻欧美军司令问的就是煤，便回答说："将军，我保证，空军可以运任何东西，包括煤。"

就这样，被称为"冷战的第一次摊牌"的西柏林空运，对航空运输能力的一次极致的显示就这样开始了。

飞机飞向西柏林

1945 年第二次世界大战结束时，英、美、法和苏联联合签订了对德国占领的"四方协定"，将德国的疆土分为东德（后为民主德国）和西德（后为联邦德国），东德由苏联占领，而西德由英、美、法三国占领。同时规定了四国都可以进出柏林。柏林这座重要城市的地理位置，在苏联占领区内。从美、英、法三个西方国家占领的西德到达西柏林，有铁路、公路和水路，另外还规定了三条"空中走廊"供飞机使用，可以从西德飞往西柏林。

三年后的 1948 年，东西方爆发了"柏林危机"。美、英、法在西柏林发行马克货币。

1948 年 6 月 23 日的早报编辑计划差不多已经完成，这时《柏林日报》编辑部墙上的时钟正指着晚上 11 点。突然电传打字机传来惊人消息：“由于技术困难，苏联占领区军政府交通部被迫从明晨 6 时起停止进出西柏林的一切客货运输。水路运输同时停止。”原来，苏联宣布切断西德与西柏林之间的铁路、公路和水路联系，只留下空中通道，以此来迫使西方国家就范。

天亮时，柏林全城都已经知道这个惊人的坏消息，从西方到西柏林的煤运已经停止，牛奶也停了，市金库的存款被冻结。西柏林对外的交通被全面切断。今后只有完全听从苏联摆布，否则只有挨饿，只有死路一条。

西柏林是一座从来没有自给自足过的城市。每星期有数千吨货物从西德穿越 175 千米苏联占领区到达西柏林。西柏林市民和 6500 名盟军所吃所用的东西都由这条生命线输入，而这条线刹那间被苏联切断。苏联宣布不向西柏林供应粮食，这就给这座城市的生存造成了极大的困难。

在苏方的刁难下，美、英、法政府决定不退让，不交出西柏林。一方面开展谈判，另一方面用空运来维持这座城市的运转。驻欧洲美军司令克莱决定推行一项有史以来最冒险的空中救援计划。但任务的艰巨，使西德的一些头面人物以及美国军方一些将军也不相信这件事能办成。当时英国可以召集到约 50 架飞机，法国提供不出运输机。美国空军在欧洲只有 2 架 4 发的“空中霸王”C－54，另外有 102 架 DC－3，每架的载重量不足 3 吨。

从 1948 年 6 月 26 日开始，首先动用了 13 架 DC－3 型运输机，利用仅留下来的“空中走廊”，开始了支持西柏林日常生活的空中运输。机群每小时载运 44 吨生活物资，24 小时不停地供应西柏林市民的日常需要。粮食是优先供应的项目，还包括食盐这种每日不可缺少的东西。

DC－3 型运输机

到了7月，动用的DC－3达到了105架。美国空军从阿拉斯加、夏威夷、关岛、日本及巴拿马等各基地调集飞机，使用了载运量更大的C－54“空中霸王”式运输机。英国空军拨出40架飞机，有“约克”、“黑斯廷斯”等型号，还包括轰炸机。连英国少将的专机——可载10吨货物的“都德”飞机都动用来作为专门空运燃油使用。载重量只有4.5吨的“桑德兰”水上飞机，也用来在柏林湖降落。

这时必须精打细算，有效地利用空运的吨位。例如，运面包太浪费，因为面包中有1/3是水，而西柏林周围有的是水，为此只空运面粉；将土豆脱水再运则每天的空运量减少780吨；去骨肉类使质量减去1/4。经过这样的“斤斤计较”，西柏林每天的最低粮食运输量从2000吨减为1000吨。

当时每天计划运送量达到4500吨。仅在1949年“复活节”这一天中，空运到西柏林的各种货物竟接近13000吨。美国海军飞机从1948年11月到1949年7月运送了13万吨货物。为了减小供应压力，英国空军从西柏林运出5万市民，其中大部分是儿童。

先前西方国家与前苏联协议通往西柏林共有三条“空中走廊”，每条空中走廊长约32千米，高至3000米。在西柏林空运中，北面和南面的两条被用来飞向西柏林，中间一条被用来飞出西柏林。在这样狭窄的空中通道中，日益增多的民用及军用运输机使机场出现了空前的拥挤，每两分钟就有一架飞机起降。

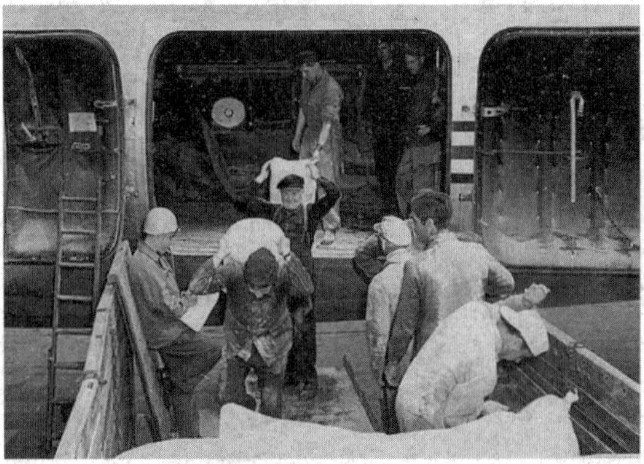

西柏林空投物资

在机场地面，从满载的飞机上卸货的工作昼夜不停地进行，机场所有的灯光和应急灯光全部打开，照得各处通明。有的飞机甚至超载运送货物。为了节约在地面卸货的时间，飞机驾驶员在空中便用无线电事先通知地面人员运来的是什么货，以便地面提前安排好卸货的设备及人员，飞机一着陆，卸货工作立即进行。

上千架飞机列队成行，连续不断地维系着一条空中的运输线，有如一座活动的桥梁，连接着西德与西柏林之间的供应线。飞机可以在西柏林的三个机场和柏林湖降落，飞机的起降都经过严格的计划，飞行计划雷打不动。如果驾驶员遇到特殊情况不能按计划着陆，就必须退出系列，不能干扰后续的飞机着陆。

在西柏林的上空，整天响着飞机的轰鸣，低飞的飞机一架接一架着陆，又一架接一架起飞离开。整个西柏林的居民都整天注视着天空，全世界也都注视着西柏林的天空。寒冬光临了西柏林。多数人家每户只能分配 11.5 公斤的煤，这大约相当于每天一茶匙。这个冬天是西柏林人真正的苦难日子。整个 11 月机场常被浓雾笼罩，飞机靠仪表飞行，甚至到柏林着陆前几秒钟才看到陆地。

在 1948 年至 1949 年那个严寒的冬季，城市发电，托儿所的儿童取暖，都需要大量的煤炭。英美各种尺寸、各种型号的运输机都曾通过法兰克福、汉堡和汉诺威的“空中走廊”，向西柏林运送食品、煤炭、燃油、衣物、信件、重型发电设备和其他各种货物。空运中煤炭和食物占的比例最大，空运总量中的 55% 是运煤，而运送食物占了 26%。笨重价廉的煤炭，在紧急事态中竟然成为空运物资。

前苏联当时估计，这个供应计划一定无法长期继续而会最终失败。但是历史上规模最大的柏林空运，竟然维持住了西柏林的生存，这是空运史上的一个奇观。

1949 年 5 月 12 日，美国区播音员华格纳在一辆巡逻的广播车上，向街道上黑压压地围着广播车的人群，宣读他有史以来宣读过的最重大的一件新闻：“西方三国与苏联之间达成协议，对西柏林的交通、运输和贸易的限制，于 5

月 12 日正午 12 时解除……”

苏联终于在 1949 年 5 月 12 日放弃了对西柏林的地面封锁。到该年 10 月，柏林空运宣布停止。在历时 15 个月的大空运中，西方国家共出动飞机 20 多万架次，运送物资近 200 万吨。这表明空中运输已经成为一种成熟的现代化运输方式。

柏林空运，是世界空运历史上一个罕见的事例。在这个行动中，空运任务的紧迫，运输量之庞大，都是从未有过的，显示了空中运输在现代社会中的强大能力。在第二次世界大战期间航空工业集中于生产战斗机及轰炸机的英国，在需要大运送量的紧急时刻感到了运输力量的不足。而第二次世界大战期间美国在设计生产大型运输机方面一直没有放松，在柏林空运中美国动用的运输机最多，担负的运输量最大，渡过了这个罕见的难关。

知识点

西柏林

West-Berlin，是对 1949 ~ 1990 年间柏林市西部地区的称呼。西柏林是自 1945 年二战结束后建立的美英法占领区。这一地区在此期间很大程度上与联邦德国（西德）相结合，但是在法律上并不属于西德的一部分。柏林的苏联占领区称为东柏林，民主德国（东德）以之为首都。西方盟国认为柏林在法律上仍为四国联合占领区，不承认东柏林的首都地位。1961 年起修筑的柏林墙将西柏林完全与其相邻的东德和东柏林地区隔绝开来，直到冷战结束，柏林墙被拆毁为止。

不着陆不加油的环绕地球飞行

既然飞机离陆时撞坏了，就应该让坏了的部分彻底掉下来，免得干扰以后的飞行。一般情况下飞机设计师总是尽心竭力地使他设计的飞机保持完好。

但这一次却不一样，设计师为飞机在空中破损而欢呼起来。而这一次飞行的意义很重大，是载入航空史册的一次创纪录飞行。

“左翼尖上的梢翼碰坏了，但是没有掉下来……”

1986 年 12 月 14 日清晨，狄克·鲁坦（男）和珍娜·耶格尔（女）驾驶“旅行者”号飞机从美国的爱德华空军基地起飞，打算做人类第一次不着陆、不加油的环绕地球飞行。飞机所载的燃油达到 3180 千克，为飞机本身重量的三倍多，超过载油限量 180 千克。机翼上的燃油重量使这种飞机细长的机翼在静止状态翼尖是向下垂着的，只好用托架撑着避免擦到地面，到飞机开始起飞时才不得不拿掉两翼下的托架。飞机在滑行时逐渐加速，机翼承受越来越大的升力，翼尖才开始上翘，但飞机的加速很慢，在全长 4570 米的跑道上滑行了很长距离，直到最后 300 米才离开地面，勉强升入空中。光这个起飞滑跑距离，就创造了在这条世界最长的跑道上起飞的包括航天飞机在内的所有新式试验飞机的滑行距离纪录。

制造中的“旅行者”号

在此以前，1933 年美国人威利·斯特曾驾驶一架洛克希德的“维加”型飞机做过绕地球飞行，但他在中途降落了 9 次。1949 年，美国空军一架 B－50 飞机曾做过一次不着陆环球飞行，但他在空中加油 4 次。而这一次“旅行者”号的环球飞行，中途既不着陆也不加油，因此是对飞机设计和驾驶技术更加严酷的一次挑战。

“旅行者”号升空后，该机的设计者伯特·鲁坦在另一架伴飞的轻型飞机上观察“旅行者”号的情况，发现在起飞滑跑中该机的右翼尖已经擦地损坏。翼尖上的梢翼，是减小飞行阻力用的。现在损坏了连挂在机翼上，不但不能起原有的作用，反而加大了阻力。经观察，破损的翼尖并未伤及机翼的主体结构，也没有破坏机翼上的油箱造成漏油。两位驾驶员决定甩掉连挂的梢翼，继续他们10天的环球飞行。于是两人都背上降落伞以防意外，然后激烈地蹬右舵，使飞机右侧滑，以把摇晃的梢翼甩脱，直至伴飞的飞机上传来伯特·鲁坦的欢呼声：“太好了！它干净地掉下来了！”

设计师看到自己设计的飞机上一个部件在空中脱落下来，竟然发出欢呼，真是少有！

不久“旅行者”号穿越一股山脊紊流时左梢翼也脱落了。飞机两翼的阻力反而对称起来，减小了配平阻力。两个翼尖的样子都很难看，像被鲨鱼咬过似的露出了蓝色泡沫塑料，耷拉着本来连接翼尖灯的电线。“旅行者”号就

伯特·鲁坦和他的飞机

以这样的状态，进入了环球飞行的征程。

这次空中探险，是一次民间活动。所费资金是由许多热心人用小额资金赞助筹集的。支持者一般赞助 100 美元，但也有热心者限于财力只赞助了两美元。而飞机的制造和试验，则是由飞机的设计师，两名驾驶员及少数几个朋友在 3 年的时间内亲自动手完成的。以后又试飞调整了两年时间。

伯特·鲁坦为环球飞行所设计的“旅行者”号，采用了很有创意的外形布局和结构型式。飞机采用无尾而带前翼的“鸭式”布局，这种布局鲁坦在设计一系列的轻型飞机上采用过，已经很熟悉它的特性。飞机采用双身，两个长机身内全是油箱，以便在十分狭长的机翼上分散承负重量。飞机采用一推一拉两台纵向排列的螺旋桨式发动机，这样可以在巡航中关闭一台发动机来节省燃料。机体结构则采用复合材料，结构重量很轻，并且大量的机体加工是手工操作，便于非专业人员进行制造和试验。

地球赤道的长度，约为 4 万千米。考虑到沿途对于气象的避让和绕过不得飞越地区，环球飞行的长度预计约为 4.4 万千米。

“旅行者”的经济巡航速度只有一百多千米每小时的对地速度，因而环球飞行一周约需十天时间。设计者的哥哥狄克·鲁坦，从小就是一个飞行迷，他 15 岁起就开始学驾驶飞机，这次担任了环球飞行的驾驶员。而这次飞行的女驾驶员珍娜·耶格尔则是一位身材娇小的女郎，9 年前取得了飞机驾驶执照。她在一次参观飞机展览时，对鲁坦设计的飞机很感兴趣。在与他们兄弟的交谈中，设计师首次谈到设计出一架飞机环绕地球的设想，从此她便投入到这个壮举中。

“旅行者”号在空中

两名驾驶员在途中经过了环球气象的挑战，越过山峰造成的高空缺氧的考验，经过战火纷飞的非洲时避开了军事冲突的危险地区，克服了自身过度疲劳造成的神志不清的幻觉，可谓是经过了千辛万苦的征程。途中他们曾遇到发动机空中停车、飞机设备故障以及大气紊流造成飞机像海浪中的小船般的抛掷颠倾，柔软的机翼上下拍动达到60度，并使飞机达到难以控制的倾侧90度状态。他们终于靠顽强的毅力和高超的驾驶技术克服了一个接一个的困难。

一天夜间，在战火纷飞的非洲上空，狄克·鲁坦发现飞机的前翼被后方来的光线照亮。他转向，灯光也转向，总也无法摆脱后面的光线紧跟不舍的照射。他只好报告说被先进的歼击机追踪，因为这么强的灯光只有高性能的歼击机才会装备。后来“旅行者”号索性转过头来，察看追踪他们的到底是一架什么飞机，才发现后方的亮点竟是夜间明亮的金星。

当他们飞越非洲大陆的时候，看到燃油表的指示，飞机的燃油消耗过多，剩下的燃油已经不够他们再飞越大西洋。这次环球飞行已经注定要失败。但是他们不久就发现原来仪表把各油箱间燃油的来回传送都算到了燃油消耗里面，实际上飞机的存油还很多。地面的基地经过计算以后，用无线电告诉他们：“你们的燃油还足够飞完剩下的航程！”这样他们才继续转向西方，越过大西洋飞向美洲。

人类航空史上第一次不着陆不加油的环球飞行，终于在出发后的第10天清晨在原起飞的机场美国爱德华基地着陆。地面有数千人等候着欢迎。飞机着陆前作了几次绕场飞行，显示飞机和驾驶员状态良好，另一方面也是等阳光升起便于地面的摄影机拍下这次创纪录飞行的胜利着陆时刻。飞机着陆后，全部油箱中只剩下不足70升燃油。

中途不着陆不加油的环球飞行，在世界航空史上是一个重要的成就，引起了很大的重视。美国总统里根夫妇接见了设计者伯特·鲁坦、驾驶员狄史·鲁坦和珍娜·耶格尔，把他们3人誉为可以与第一架飞机发明者莱特兄弟、第一位飞越大西洋的林白以及第一个突破声障的驾驶员耶格尔一样列入航空史册的英雄。“旅行者”号飞机，被美国国家航空航天博物馆收藏，作为航空史上重要的成就向世人长期展览。

今天在美国国家航空航天博物馆展出的“旅行者”号飞机，它的翼尖仍是损坏的，因为环飞地球时它就是这个样子。

1998 年，鲁坦用“旅行者”的技术提出了一种可以长时间在空中飞行的飞机“海神”号的设计，这是鲁坦的第 281 种设计。设想中的这种飞机可以低成本完成太空旅行，装有的天线可以在必要时代替卫星作信息转播用，比如战时在某些信息传送不便的地区，用作覆盖面相当大的临时空中中继站。

富豪休斯的大飞机

有了钱，便有了较大的支配财富的权利。下面将讲述因为爱好航空而设计飞机，好大喜功地设计得空前大，造成历史上最大失误的机型的故事。

20 世纪中期的美国富豪休斯，是一名航空热心者。他除创造了一系列飞行纪录之外，还负责研制了百年航空中最大的一架飞机 HC－4。这架飞机是尺寸最大的产品，也是研制失败的最大的飞机。休斯的父亲拥有一种石油钻井在 14 个国家的专利，在石油工业蓬勃发展中获得了滚滚财源，成为休斯一生在很多领域（包括航空业）闯荡的资本。休斯成为一个传奇式的人物。他一贯出手阔绰，大出大进，他的决策过程突兀而出乎常态，随意性很大。也许正因为此，他才在航空史上留下了最大的失败的飞机。

休斯于 1905 年 12 月出生于得克萨斯州的休斯敦，是莱特兄弟飞机试飞后的第三年，可以说是与飞机同时代成长起来的。他自幼对机械有浓厚的兴趣，喜好拆开钟表来研究构造，用电池自制电动自行车及无线电收发报机等。18 岁时他继承了巨额遗产，成为美国首富。

腰缠万贯的他 20 岁就到好莱坞闯荡，投资拍出的电影荣获奥斯卡喜剧奖。24 岁时投入大本钱拍摄航空空战电影《地狱天使》，他下令购买法国、英国、德国飞机至少 80 架，其他采用包机形式投入实拍。使用了临时演员

飞机大亨休斯

2000名，动用真实的飞机87架，飞行员135名，使用了比一般电影多出300倍的胶片，用掉了比一般电影多出20倍的资金，他对拍出的影片仍不满意，又花200万美元重新找演员拍成有声电影。

休斯拥有一系列的企业。比如他曾在拉斯维加斯城的一家大饭店中包租了一套高级房间供日常居住。几年后由于该饭店拒绝继续让他租用，他便出资买下了整座饭店。他将饭店的底层用于开赌场，大获收益。于是又陆续买进拉斯维加斯城内其他饭店，扩大他的赌场规模。最后整个拉斯维加斯城几乎成为他的私人城市，该市的市长也是他从前的随从。

休斯是个航空迷。1936年，他亲自驾驶飞机完成横贯美国的飞行，创下9小时27分横越美洲大陆的飞行纪录。次年又把这个纪录缩短2小时。1939年，他以3天19小时17分创下环飞地球的飞行纪录。他在试飞自己研制的飞机XF－11时坠机受伤，颅骨破裂，鼻梁撞歪，很多人认为他过不了这一关。但他在住院期间，由整天躺在病床上的切身体验而开发出通过螺旋可以调整成为坐姿的病床，并获得了专利。这种可升降折起的病床被全世界的医院广泛采用，他又从中获得了丰厚的收益。

然而他在航空中最大的举动，是在第二次世界大战中，于1942年接受美国政府援助，着手研制超大型的水上运输机 HC－4“大力神”水上飞机。这架飞机之大，不仅在当时名列世界第一，而且在整个 20 世纪也属最大。该机装有 8 台发动机，计划可载运 700 名全副武装的士兵飞越海洋。

HC－4“大力神”水上飞机

第二次世界大战期间，欧洲、亚洲、太平洋、大西洋等地区战火纷飞，运输船队常遭敌对海军袭击。美国政府拨出 1800 万美元，计划研制载运全副武装士兵或军事装备，航程可达大西洋或太平洋任何区域的飞机。

霍华德·休斯和另一公司共同承包此工程。此机于 1942 年开始设计，休斯别出心裁地采用木结构。当此机设计试验结束时，第二次世界大战已近尾声，合伙者退出了此计划，休斯独立承担。他在研制过程中的经费不断超支，本应制出三架原型机的经费连造出第一架都不够。休斯为此投入了 700 万美元私人资金。他曾有两年时间不干别的事，完全被这架飞机的进程所吸引，成天待在制造这架超大型飞机的超大型机库内，处理着推进这架飞机进度的各方面问题。

为了制造这架飞机，休斯特地修建了一个占地 3 公顷的临时木质厂房，总装则在美国洛杉矶长滩的一个干船坞中，离飞机制造厂 45 千米。体积巨大的部件如何从工厂运向总装地点，成为当时轰动性的大问题。整架飞机分解为大部件分别运送。左右机翼分开来运，每边长 48 米。机翼和机身总质量约 200 吨，仅这些部件的运费就达 8 万美元。沿途学校放假，让学生夹道观看这一壮观景象。装载着庞大无比的飞机木质部件的平板车在各种车辆的簇拥中缓缓通过，带着许多电工和电话线工，一路剪断电线及电话线，部件通过后再行接通。这种壮观场面，使它可以无愧地名列在百年航空的史册之中。

1947 年 11 月，第二次世界大战已经结束。HC－4 在长滩的海面做第一次滑行。这样大的飞机首次滑行，成为当时轰动性的事件，许多新闻记者和各界嘉宾光临盛事。霍华德·休斯亲自操纵飞机在水面滑行。本来计划在半年后正式试飞，但在滑行试验的当天，第一次飞机滑行情况良好，休斯决定作第二次滑行。大批新闻记者和各界嘉宾进入了飞机。休斯在滑行中突然猛推油门，飞机很快加速，越滑越快。休斯感到飞机各方面的表现还可以，便拉起了飞机。结果“大力神”这架庞然大物未经计划地飞离了水面，在 21 米高度上飞行了不到一分钟，离水飞行的距离约 1.6 千米，再降落在海面上。飞机上感受滑行的嘉宾中，有的人还没有感觉到，便已经离水飞过了。由于这是一次事先没有打招呼的起飞，有人谴责富豪休斯违反规定，未经事先告知便让飞机飞起，是一种不负责任的行为。

这也成了“大力神”的唯一一次飞行。此后整个形势对大型水上飞机的需要消失了。飞机显得功率不足，虽经多年提高发动机功率的努力，测试过多种发动机，问题仍没有根本性改观。休斯本人在飞机已经离水飞起以后，也失去了将以上飞机继续从事下去的热情。既然已经飞过了，便就此罢休。

但这架木制飞机的如此巨大的规模，真是木制品的一个最大的样品。它的机体作为一个工程上的奇迹被保留下来，它的主人聘用了一小批技术人员对该机进行日常维护，每年的维修费达 150 万美元。经过半个多世纪后，HC－4“大力神”号飞机的状态仍然保持良好。由于维护费用过于庞大，休斯本来打算将发动机从飞机上卸下，将飞机赠送给美国航空航天博物馆。但加利福尼亚州议会通过决议，决定完整地保留飞机原貌，陈列在长滩巨大的机库内，对世界的参观者开放。该机库曾长期成为洛杉矶游览参观的景点之一。后来该机被迁移到沙漠中的特制机库中。

休斯因为拥有巨大的财富，使他有了决策行事的巨大权力。HC－4 的基本材料为木质，这样大的飞机的起降方式选为水上，以及当时动力供应情况是否能保证这样大的飞机顺利飞行，这一系列重大的决策问题，都构成 HC－4 失败的因素。不论权力或金钱，都不能保证在科技问题上决策的成功。

以后研制出的 20 世纪最大的飞机波音 747 的机翼面积，还不到 HC－4 的一半，但 747 的载运能力却超过了 HC－4。当时的 HC－4 飞机装有 8 台发动机，今天波音 747 只装有 4 台发动机，但每台发动机的功率比 HC－4 的 8 台发动机的总和还大一倍多。

至于休斯本人对航空，除了 HC－4 的失败之外，确仍有不少成功的贡献。除了在 20 世纪 30 年代他的一些创纪录的飞行，以及 40 年代他研制过一些有价值的飞机外，1966 年 6 月 1 日，首次登月的无人宇宙飞船开始在月球表面向地球的电视台播送实况，引起全世界瞩目，这艘首次登月的宇宙飞船，就是休斯公司的产品。

红场突降

在人们印象里，苏联的空防应是严密得犹如铁桶一般。一个异国的小伙子，却能开着轻型飞机长驱直入，直赴红场，如入无人之境，令大众为之失色。

1987 年 5 月，一架德国私人轻型飞机悄无声息地穿过苏联戒备森严的领空，突破了苏联防空系统的重重警戒，意外地降落在莫斯科红场，造成一个震惊世界的事件。

5 月 28 日，正是苏联举国欢庆的边防军日。下午时分，在芬兰的赫尔辛基附近的马里阿密机场，一个 19 岁的德国青年鲁斯特，驾驶一架塞斯纳 172 轻型单发动机飞机起飞了。他决定在这天做出一项惊人的举动。起飞 22 分钟之后，他关闭了飞机上除无线电罗盘之外的一切无线电设备，在空中突然改变航向，向苏联国境飞去。不久，飞机从地面指挥的雷达屏幕上消失了。

下午 19 时 38 分，鲁斯特飞进了莫斯科上空。他最初打算降落在克里姆林宫内，但发现在宫墙内没有降落的空地。于是他决定降落在瓦西里大教堂前面。当时教堂前有许多人群。鲁斯特打开了降落指示灯，摇摆着机翼几次

鲁斯特

从人群头顶飞过。但是在广场上散步的人群怎么也没有想到这架小飞机打算在红场降落。人们看到这架打开着陆灯低空越顶而过的飞机，只是向飞机微笑着挥手致意。鲁斯特第三次尝试着陆，成功地降落在莫斯科河桥的南端，向瓦西里坡滑行。停机以后，鲁斯特身着一袭红色工作服从飞机上下来，羞涩地向红场上散步的人群微笑。苏联及全世界都为他的举动瞠目结舌。20 分钟后来了一群穿灰色制服的人，把他带进了卢比扬卡广场的克格勃总部。

事后查明，鲁斯特这次的行为，纯粹是一个不安分的淘气之举。但他还是因非法入境罪及扰乱航空秩序罪而被判入狱 4 年。苏联国防部因为防线竟如此容易地被突破而丢尽了脸面，一大批高级将领为此而丢官。十几年过去了，随着时间的推移，有关此事一些不为人知的细节开始浮出水面。鲁斯特历险的成功，是由一系列巧合促成的。

当天下午 14 时 29 分，爱沙尼亚的科赫特拉亚尔韦市，塔林防空雷达捕捉到一个不起眼的飞行目标。苏军的三个导弹师随即处于一级战备状态，只待一声令下，就可以随时消灭目标。但是命令却迟迟未下达。原因在于 4 年前苏联在萨哈林岛上空，在情况尚未明了的情况下，苏军击落一架韩国民航波音 747 客机，造成机上 269 名旅客死亡。世界各地对此反应强烈，许多国家连续数周禁止苏联飞机进入本国领空。惨剧发生后，苏联军方下达了秘密命令：在无法判明飞机有军事目的的情况下，禁止向一切民航机和体育运动飞机开火。

飞机在红场

为了确认这架来历不明的飞机的真实情况，苏军起飞两架米格 – 23 截击机从塔巴军用机场升空进行拦截。但不久后“塞斯纳”向下俯冲，从截击机驾驶员的视野和地面雷达屏幕中消失了。5 分钟以后，该地区的雷达再次捕捉到一个飞行目标，与先前的“塞斯纳”的飞行路线和高度都不同。但地面雷达员误认为它就是原先那架“流氓飞机”。而这个目标却回答了“敌我识别器”的询问，回答出“我是自己人”的信号。于是，原来对塞斯纳飞机发出的警报解除，两架截击机返航。

鲁斯特的“塞斯纳”继续向东南方飞行，将近下午3时时到达普斯科夫上空。这时在该市市郊正有某航空团在进行教练飞行，空中有数十架飞机。因此，鲁斯特的“塞斯纳”出现在雷达屏幕上并没有引起任何注意。鲁斯特继续在苏联领空毫无阻碍地飞行了200千米。

当他飞到托尔若克市时，巧合又一次帮了他大忙。刚好在前一天，这里市郊发生一场空难，一架米格-25与一架图-22M轰炸机在空中相撞，所以这一天在该地区上空有许多搜寻任务的直升机。鲁斯特的“塞斯纳”轻型飞机的速度和高度与直升机相近，地面雷达人员想当然地把它当做正在执行救援任务的直升机，没有引起任何怀疑。

当鲁斯特飞近莫斯科时，正好某个大人物下令暂时关闭防空网的自动控制系统，进行一次计划外的停机检修。而正是在这20分钟间隙里，鲁斯特飞进了莫斯科。可见再强大的设备系统，在错综复杂的现实生活中也难免出现漏洞。

知识点

塞斯纳

CESSNA172，美国塞斯纳公司的经典之作，累计生产达35000架之多，安全、舒适，操作性能无与伦比。采用IO-360引擎，马力强劲而平稳、宁静，在2400转/分钟下即可达到160马力。赛斯纳172/182系列是目前世界产量最大、用于飞机驾驶员训练性能较好的飞机之一。

攻击国王座机

事先告诉国王空中劫持用的将是空炮弹，所以国王遇事时的底气才会那么足。谁知道假戏真做，能不惊出一身冷汗吗？摩洛哥国王哈桑二世，同意国防部长给他安排一次空中假迫降，上演一出政治骗局。不料这个骗局被人利用，假戏真做，成了一次真刀真枪的空中拦截。

哈桑二世

1972 年的一个夏夜，摩洛哥国王哈桑二世即将去法国旅行。他的内政部长和国防部长乌费基尔将军在他出发前晋见了他，向他说明在宫廷和政府内存在一些贪污腐化行为，损害了国王的威望。出于军队和人民对国王威望的关心，他谈到筹划一次假谋害的活动。

处于非洲西北海岸的摩洛哥，北靠地中海，西临大西洋，与西班牙以直布罗陀海峡一峡相隔，地势险要。国王听到国防部长的建议，有些疑惑地反问道："假谋害活动？"

"一年前发生了一起王宫屠杀事件，您以先知的威望征服了士兵，清洗了军队中的叛逆者，不是提高了您的威望了吗？您遇到谋害的消息只会提高您在全体人民心目中的地位。"

"那你打算如何进行呢？"

"我将派 4 架 F－5 喷气战斗机去迫降您的波音 727 座机。其中 3 架不装弹药，另一架只装演习用的假弹，要求您的座机迫降在指定的机场。这对您的安全毫发无损，但是却可以在全国造成轰动，使你可以有借口逮捕两三个政敌。"

"那就按你说的安排吧。"国王最后同意了这个计划。

1972 年 7 月 28 日，哈桑二世到法国访问。8 月 16 日他打道回国，带着 20 来个随从登上波音 727 座机启程。中午，座机降落在西班牙的巴塞罗那。西班牙外长洛佩·布拉沃在机场迎接，国王与他共进午餐。国王对即将发生的空中假戏心里有数，甚至有意向西班牙外长暗示一点内部安排说："在以后几小时之内，你将听到一些奇怪的事，但是你用不着担心，一切都会没事的。"

午餐后，国王登机直飞摩洛哥，下午 15 时许，进入摩洛哥领空，16 时左右，国王座机飞过丹尼尔上空。5 分钟后，空中突然出现的 4 架 F－5 喷气战斗机包围了国王座机。F－5领队长是摩洛哥空军少校库拉。他靠近波音727飞机，并向国王座机用无线电喊话："我命令国王座机驾驶员不要抵抗，跟随我们降落在克尼特拉基地。我们要进行检查！""你疯啦！"国王座机的驾驶员惊诧地回答。"服从命令！跟随我们降落！"国王的驾驶员不得不向国王请示。"继续飞你的。"国王对这幕假戏心知肚明，不在乎地说。"但是，他们威胁我们，强迫我们降落……""保持镇静，继续飞！"国王不以为然地提高声音说。

库拉少校见国王座机不肯就范，便进一步威胁，喊道："立即服从命令！飞向克尼特拉基地，不然我们可要开火啦！"国王知道这架战斗机上装的只是空炮弹，便说："别听他的！""他们要开火了！"国王驾驶员颤抖着声音说。"不要紧张，要镇静！"国王心里有数，这只是他的国防部长导演的一出假戏。

库拉的战斗机向波音飞机的前方发射了一发炮弹，以示警告。国王心里想："表演得真像啊！国防部长真了不起，他导演的这出假戏简直像是真的。"但是库拉少校发怒了，靠近国王座机，在无线电中大叫道："要再拖延，我可就要开火打掉你了！"哈桑二世国王觉得假戏也该收场了，便拿起话筒向战斗机喊话："我是你的国王，你要注意礼貌！"

"去你妈的，看我的炮弹！"库拉破口大骂，并向波音727开了火。哪里是什么空炮弹，这是真炮弹，打得国王的座机抖动起来。国王原来以为是一场假戏，是为了骗人而安排演出的，但没有想到，他真的被人致命地骗了。

库拉再次开炮击中波音飞机的尾部，将3台喷气发动机击中两台，飞机速度明显减下来，向下落去。"他们击中了我们的飞机！我控制不住飞机了！"国王的驾驶员发疯似地喊道，拼命企图拉平飞机。"这是真正的炮弹！"哈桑二世这才明白过来，"这是一场真正的谋害！乌弗基尔欺骗了我！"

库拉再次猛射，国王的座机再次中弹。机内一人死亡，两人受伤，黄烟在舱内迷漫。国王的随从身上溅满血迹。库拉继续猛射，国王座机激烈抖动，使人感到即刻就要爆炸了。驾驶员吃力地操纵飞机，以每小时250千米的极低速度勉强前飞。

"陛下，陛下，我们飞不到拉巴特了！"紧张的驾驶员用发抖的声音喊叫着说。

库拉发射1枚火箭，但火箭从近处飞过，没有击中目标。库拉决心把国王的座机击落，但炮弹打光了。他毅然决定驾机直接撞毁国王座机。他将飞机定好方位，调好自动驾驶仪，开足马力将飞机向国王的座机撞去，同时按动弹射座椅按钮，自己弹射跳伞脱离了飞机，落到拉巴特附近的海面上，后来被打捞上来交待了事件的经过。

国王座机已经摇摇欲坠，很难躲避高速撞过来的战斗机。但是库拉对得不够准，F－5从国王座机前几米处一掠而过，摔向地面，惊得国王一身冷汗。接着，另3架战斗机向波音飞机飞来。国王急中生智，叫惊慌失措的机械师戴上送话器，重复地喊话："国王座机向F－5飞机通话！国王重伤，驾驶员死亡，我们不得不迫降！请求你们停止射击！"这3架战斗机真相信了，以为反正国王死定了，放弃了继续攻击，掉头返回基地。

飞机起火迫降

受到重创的波音727，像醉汉一样摇摇晃晃降落在拉巴特机场。在座机降落之前，已经传出了谣言："国王在一次严重的飞行失事中丧生……"在机场大厅迎接国王的政府要员们已经开始慌乱。接着国王座机着陆，他们看到惊恐万状的国王及满身血污的随从们，每个人都瞠目结舌，惊奇不已。

这时突然有3架F－5飞临上空做低空盘旋。原来这就是刚才拦截座机的那3架飞机，返回基地后又奉命再次起飞，赶到拉巴特机场来追击国王。机场大厅内一片混乱。国王哈桑本人是一名战斗机驾驶员，他拼命喊叫："赶快隐蔽!"人们冲出大厅，直奔跑道50米外的小松林。

3分钟后，那3架F-5对机场的贵宾厅进行了疯狂的扫射，打得建筑起火燃烧，人们四处逃窜。有人倒在血泊中，两辆汽车着火，F-5射击了5分钟后才离开。国王慌忙回到王宫，立即召开高级国务会议。他首先问："乌弗基尔来了吗？在哪里？"那是与他串通上演一出假戏，然而却假戏真做的人。

这时F-5飞机再次出现在首都上空，不顾地面火力的阻击，从300米低空向地面发射火箭。又有9人死亡，约40人受伤。攻击持续了一刻钟。国王立即中断会议，躲进了黎巴嫩大使馆。

不久，摩洛哥新闻社通过无线电宣布："叛乱已被镇压下去，阴谋制造者乌弗基尔自杀，哈桑二世继续掌握着政权。"这个航空故事的离奇处，在于事先约定的假戏变成真做。另一方面，出动4架F-5去攻击1架波音727座机，包括开炮轰击、发射火箭和用飞机去撞击，居然无功而返，这也是"奇迹"!

错乱的电脑、机智的飞行员

当人把对飞机的控制交给计算机的时候，自动化大为前进了一步。但是电脑操纵的可靠性问题必须提到重要的地位来考虑。飞机装上电传操纵系统，会带来很多优点。但是操纵系统的电子计算机如果出了毛病，那么操纵系统就像犯了神经病一样，飞机在空中的表现就会像醉汉似的难以预计了。

美国的F-16"战隼"喷气战斗机，是美空军的主力战斗机。它的性能相当优越，并且因为采用了电传操纵系统，飞机的机动性能和操纵性都比以往有了明显的改善。

1989年11月，一个阳光明媚的日子，美国亚利桑那州晴空万里。在离图森市50千米的沙漠上空，美国空军中尉飞行员诺阿在进行改装后的第二次飞行。他的飞行教官驾驶另一架F-16与他做编队飞行。正当他们做空中转弯时，诺阿的飞机发生了严重事故。

F－16“战隼”喷气战斗机

诺阿觉得一瞬间教官好像在推杆低头，转入向下的俯冲。因为他看到教官的飞机在向下沉去。其实这时是他自己的飞机正在猛然抬头爬升，他顿时看到天地线在机头下消失，并且他明显感到过载加大，人也几乎晕厥。F－16轰鸣着向上陡峭地上升，然后翻转过来，进入斛斗。这并不是他操纵形成的动作。这是怎么回事？他还没弄明白他的处境，他的飞机却已经呼啸着连续翻了两个筋斗。

原来，这架飞机的电传操纵系统出了毛病，等于飞机的“神经系统”失常。飞机的全动平尾卡死在上偏的位置上，造成飞机不断爬升，形成筋斗。在第二个筋斗结束时，驾驶员意识到他的飞机还可以做滚转的动作，便向左滚转，同时打开加力使飞机保持空速。

飞机建立起向左的坡度以后，卡住的平尾起着方向舵的作用，使飞机进入急剧的左转弯。大约转了90度时，电传操纵弦的计算机解除了控制。这时飞机却急剧低头。这是因为刚才飞机猛抬头做筋斗，驾驶员习惯性地推杆，而这时计算机解除了控制，平尾便由上偏猛然改为下偏。

诺阿虽然再次纠正了飞机姿态，但飞机随时可能再度失控。诺阿做强烈机动时，他的教官丢失了他，在诺阿翻完两个筋斗后才再次看到他的位置。

这时诺阿和教官决定在就近的国际机场尽快着陆。诺阿的飞机此刻似乎还算正常。诺阿匆忙浏览座舱仪表，希望找出故障的原因，但一时没有找到任何线索。

当飞机下降到2000米时，下方有一座山脉。这时飞机再度“发神经”，自动上仰，发动机怒吼着在天空翻了一个筋斗。当飞机处于筋斗后半动向地面冲去时，诺阿清楚地看到下面的群山——这时他的高度已经很低了。

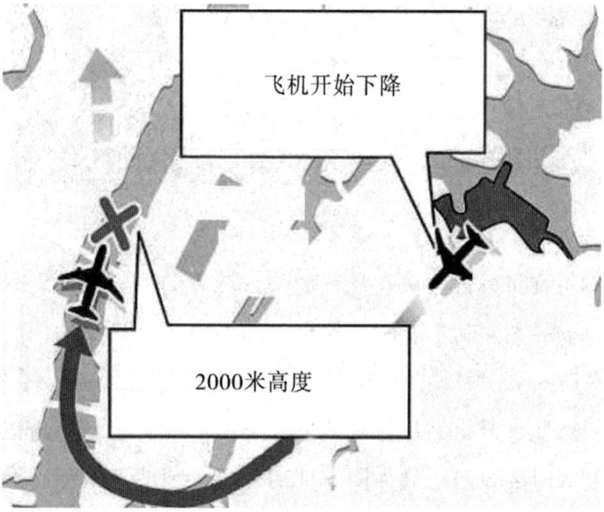

电脑控制飞机

根据上次处理的经验，他清楚副翼功能仍然正常，便小心翼翼地随时做向左压杆，使飞机在左坡度进入水平转向。这时他从无线电中听到他的教官在向他喊叫：“滚转！滚转！找好你的弹射手柄！”显然，教官在提醒他随时做好弹射的准备，以便在确实不能控制飞机时紧急离机。这次上仰持续了27秒。第三次上仰发生在图森机场上空，当他们进入第五边着陆航线时，飞机突然上仰但很快就稳定下来。诺阿担心教官诧异他怎么会做出这样不正常的动作，便在无线电中解释说：“刚才的动作不是我操纵的……”

45秒后，诺阿放下起落架，飞机已经飞过跑道的边线，离地高度只有60米，时速已经减到只有每小时233千米，这时飞机却又不合时宜地进入第四次，也是最剧烈的一次上仰。诺阿意识到，飞机随时可能坠地……

他刚一感到进入大过载状态，立即操纵飞机左转，并接通了发动机加力。万一高度过低无法控制飞机，他就会弹射离机。这时他感到了大过载下的黑视现象出现了。他一面奋力操纵飞机，一面为了平衡自己的情绪而大喊大叫，不停地骂着、咕噜着，他的教官一直在向他大喊："弹射！弹射！跳出来！跳出来！" 但是诺阿竟然一句也没有听见。

这时他看到跑道上有一架旅客机。在这里着陆弄得不好会伤及普通旅客，他决定飞离图森机场，并避开有 70 万居民的市区。飞机怒吼着向上蹿去时，他用左手按下了电传操纵系统计算机的人工操控开关。飞机突然意外地听话了，就像一匹烈马遇到了一名技艺高超的骑手一样，顿时平静了下来。诺阿在瞬间恢复了对飞机的正常控制。

飞机仪表

但是，要把飞机降落到地面，左手还有许多任务要操作，不可能同时操纵油门又压住操控开关。他急中生智，马上用右手从飞行服掏出一支彩色圆珠笔，这是美国政府发给军人的。他把圆珠笔压在人工操控开关并卡在两侧的金属护挡之间，使电门始终接通。现在，他可以腾出左手来正常操纵油门了。

在这千钧一发之际，这支笔成了一种最好的解决问题的工具。诺阿在紧急情况下临危不惧，能想到使用那支救命的笔，真是不简单。诺阿在飞向176千米外的备降机场的路程上，以及他完成着陆动作的过程中，这支笔一直卡得好好的，一切平安，人机毫发无损。有关人员及时查出了计算机的问题，并加以排除。以后的F－16驾驶员再也没有遇到诺阿遇到过的飞机自动翻筋斗的怪现象。

中国农民造的飞机

离1996年年终仅3天时，在中国西部银川郊外，从冰冻的湖面飞起了一架超轻型飞机。中国第一架由农民自制的飞机飞上了蓝天。

这事最初开始时还是7年前，18岁的刘亦兵初中毕业后回乡务农。他从《航空知识》刊物上看到几张介绍超轻型飞机的照片。《航空知识》是全世界销量最大的航空科普刊物，在我国有很广泛的热心读者群。刘亦兵从该刊物看到的图片萌发了自己也来造一架这样的飞机的念头。

农民飞行第一人刘亦兵

这种想法在他的脑海里盘桓了整整两年。一次他向同村几个青年谈了自己的心事，不料大伙儿听了都很兴奋，纷纷表示支持他。“行！你要造飞机，我支持！我出 10 元钱支援！”“我也支持！我没有多少钱，我出 5 元！”一会儿，伙伴们便凑了几十元钱供他作为起步的费用。

刘亦兵买了一些木料，找来几根废钢管，便开始制造他的超轻型飞机。机翼需要蒙布，他母亲立即把几床新被子拆下来。飞机在地面滑行需要轮子，他父亲立即跑到城里买来几个人力架子车的轮子。年轻伙伴们支援他的经费，很快便花光了，后继的经费完全由他家来负担。他很快搭起了一架超轻型飞机的构架，但是他没有发动机，他造的这架飞机在自己家里睡了一年多的觉。

在朋友的帮助下，他花了一千多元钱弄到一台 110 千瓦的航空模靶机发动机。他给他的飞机装上了发动机，在几个青年朋友协助下，选择了一条乡间土路作跑道，来试飞他的飞机。发动机响起来了，引来周围不少群众前来观看，他们发出一片赞美之声。但他的飞机东歪西倒地跑着，跑着，就是不肯离地。他对飞机只拍了几张照片，便拆开了。

又过了两年，他造出第二架飞机，机翼和机身结构采用了铝制材料，机翼蒙布采用了细纹丝绸，机轮改用小轮。整个飞机得到很大改进，但在试飞时还是只能在打麦场上从这头跑到那头，又从那头跑到这头，整整跑了一上午也没有要离地的模样。

以后两年，他又造了 3 架飞机，一次比一次有改进。但是发动机功率不足，他还是飞不起来，没有实现蓝天之梦。他的连续失败在家里产生了意见分歧，但他的继父却支持他。这位乡村医生对他说：“如果你认定这不是坏事，你就坚持下去，不能半途而废。”至于他的母亲，她始终是他忠实的助手，一直静默无声地为他做着一切可以帮上忙的事。

1995 年 11 月，宁夏电视台对刘亦兵的努力作了报道。虽然刘亦兵没有飞起来，但他的精神和努力感动了许多人。其中江苏无锡一位退休的老工程师看了报道后，为他联系了一台还很新的 220 千瓦进口航空发动机，并以低价转让给了他。买来发动机后，刘亦兵连春节都没有休息便把飞机装了起来。

一般没有飞行经历的人摆弄飞机，往往只把注意力集中在构造上一些零件的连接问题，而不理解一些像翼面的角度、重心的位置这些有关空气动力的因素，而这些因素却对飞行至关重要。非常幸运的是，刘亦兵这时得到了一位航模爱好者对他的帮助，在一些非常重要的参数上给了他宝贵的参谋意见。3 个月后，刘亦兵第 6 架自制的超轻型飞机诞生了。

1996 年 4 月的一个星期天，清晨 6 时刚过，乡亲们帮刘亦兵把飞机拉到离家门不远的公路上，在现场再次检查了飞机。刘亦兵坐在驾驶座上，启动了发动机。机声唤醒了远近的村民，大家都循声跑来看刘亦兵大胆的创举。

刘亦兵将他的这架飞机取名为“奋进”号。他操纵飞机由南向北地在公路上奔跑，越跑越快，滑行 50 米后，飞机抬头飞离了地面，爬高到 1 米、2 米、3 米、4 米……观看的群众大为吃惊。他们已经看过刘亦兵的飞机几十次试飞，从来没有一次能真正飞起来，仿佛他的飞机本就应该飞不起来，要是飞起来反而是极大的怪事。但是现在飞机却离地飞到了空中，真是令人难以相信!

刘亦兵飞机试飞成功

飞机飞行 200 多米后平稳降落。他父亲首先想到的是那些一直支持着这件事的人们，说：“快，快打电话给所有支持过我们的人，我们飞起来啦!”

全体在场的乡亲们也都欢呼雀跃起来。

以后刘亦兵借来一台无线电遥控模型飞机，在麦地里操纵飞行练习了半年多，使他对控制飞机的飞行更有把握了。冬天来到，银川西湖湖面冻冰了，大约一平方千米的湖面成为刘亦兵飞行的绝好场地。他虽然从来没有正式学习过驾驶飞机，但是现在他却能驾驶着他自制的超轻型飞机在湖面作多次直线起落和绕场飞行。他希望用劳动赚点钱，以后再造出更好的飞机，他还想拜师，学习航空基本知识和飞行技术，用自制飞机飞向更广阔的天地。

人类的第一架飞机，本来就是由两名修理自行车的莱特兄弟发明的。他们和初期的飞机设计师、飞机构造者和飞行驾驶员，都不是航空专业人员。后来，航空发展越来越成为一门高深的学问，有的人觉得它似乎离普通人越来越远。更有的人认为，只有专业人士才有资格涉及航空。但是，今天航空技术的发展，涌现出很多器材和材料，比初期的技术状态有了长足的改善。人类对于飞行的知识也不断得到积累。今天的人要去飞行，如果利用改善了的条件，会比航空初创期的人更容易飞上天空，并且更安全。因此，航空技术一方面向高精尖方面发展成为尖端技术，另一方面也成为许多普通人都可以涉及的领域。航空技术本是普通人民创造的，必会再面向普通人民。在一些航空发展较先进的国家，非航空专业人员自己设计、制造、驾驶飞机，是相当普遍的现象。为自制飞机提供飞机图纸、技术资料、刊物和散装件以及各种航空器材，甚至已经成为一个很可观的产业。

美国的EAA“试验飞机协会”便是一个民间设计制造飞机和飞行的组织，覆盖美国各州，甚至在世界各国也有分支机构的庞大的航空组织。该协会每年举行的“飞行大会”，是世界同类飞行大会中规模最大的。该协会总部所在地美国奥什可什机场，被称为“世界飞机起降最频繁的机场”，仅在2001年举行的21世纪首次飞行大会上，就有近万架从世界各地飞来的飞机参加，一周的会期中参观者人数近75万人。会展上有各种自制飞机的展览，供自制飞机选用的各种航空器材的展销，各种飞机知识的讲座，以及自制飞机制造技术的免费传授等等。这种广泛的民间航空活动，为社会的航空发展准备了大量的航空后备军，并形成社会关心航空的氛围。

我国出现了第一架农民自己设计制造的飞机，也许预示着我国也将开始这种进程。但是，社会在推进这一进程时似乎应当完善一些机制，应该有更多的渠道向需要学习航空知识的普通人提供必要的帮助，使一般的爱好者能从专业队伍中获得关于航空的关键知识。这将使普通人自制的飞机飞起来更安全，另一方面也可以提高自制飞机的效率。刘亦兵造了6架飞机才首次飞起来。这个过程是完全可以缩短的。

蓝天之殇——空难

LANTIAN ZHISHANG KONGNAN

全世界每年死于空难的约1000人，而死于道路交通事故的达70万人，从这个意义讲，乘飞机也许是最安全的交通方式。然而一旦发生飞机失事，幸存者却寥寥无几。飞机起飞后的6分钟和着陆前的7分钟内，最容易发生意外事故，国际上称为“可怕的13分钟”。

空难指飞机等在飞行中发生故障、遭遇自然灾害或其他意外事故所造成的灾难。死亡性空难并不是所有旅客全部死亡。根据国际民航组织的统计，1959年~1997年的全部空难事故中，飞机全毁，且有人员死亡的占58%；飞机全毁，但无人员死亡的占32%；飞机没有全毁，但有人员死亡的占10%。

空难也指由于不可抗拒的原因或人为因素造成的飞机失事，并由此带来灾难性的人员伤亡和财产损失。通常与“空难”意义相同的词还有“飞机坠落事件”或“坠机事件”。汉语中对各种飞行器包括各种载人航空飞行器在起飞、飞行或降落过程中，或载人航天飞行器在起飞、空中飞行或降落过程中，由于人为因素或不可抗拒的原因导致的灾难性损失，对此类事件统称为空难，如对美国“哥伦比亚”号航天飞机的失事有时称为“哥伦比亚空难”。

通向死亡的捷径

有时候所谓的捷径往往通往死胡同。

20世纪50年代以来，一系列的飞行事故使航空界逐渐认识到：虽然操作设计的基本要求是尽可能简单，但这种简单并不等于合并程序，必须保证清晰的飞行操作程序。在操作设计方面偷工减料，往往会造成严重后果。1970年7月5日，加拿大航空公司一架DC－8飞机再次为人们提出了“简约与繁琐的辩证关系”这一命题。

那一天，该航空公司的621航班从蒙特利尔起飞，前往洛杉矶，按计划经停多伦多，并获机场塔台批准，准备在32号跑道降落。当地天气非常不错，云底高1050米，水平能见度达30千米。飞机开始下降，机组执行落地检查单。可是，他们忽略了“检查扰流板”这一项。扰流板的作用犹如汽车的刹车装置，是调整飞机速度的重要手段。他们计划在飞机接地前拉平时，把地面扰流板设成待命状态，一旦飞机主轮接地，便可以自动展开并使飞机减速。可是，当飞机进入跑道入口，高度只有最后20米时，由于副驾驶忘记了这个程序，忽略了“检查扰流板”这一项目，机长没有把地面扰流板设置成待命状态。副驾驶一口气把地面扰流板操纵杆拉到头，地面扰流板没有进入待命状态，而是立刻展开。机长意识到这个错误，连忙叫道：“不行，不行，不行！”副驾驶也意识到自己犯下大错，连忙说：“对不起。啊，真对不起！”不幸的是，大错已经铸成。

DC－8飞机

机长立刻把发动机功率推到最大状态，拉机头上仰，以补偿地面扰流板空中展开造成的升力减少和高度急剧下降。但是，灾难已经降临——飞机重重地落在了跑道上。主起落架减震系统无法吸收如此强大的撞击力，造成机尾碰地，强大的冲击力立刻把4号发动机连同整个发动机短舱震掉，打坏了4号备份油箱。可能是因为发动机短舱断掉后导线短路，从燃油箱喷出的燃油立刻点燃起火。飞机接地仅仅一个瞬间，强大的反作用力和机长所做的抬头动作又使飞机重新升空。机长操纵飞机继续爬升，并通知地面，他们准备做一个盘旋，再次着陆。621航班飞机带着右翼下的熊熊烈火努力向北飞去。幸好主起落架没有受到明显损坏，机组顺利地收起了起落架，襟翼位于20度，扰流板也全部收起。

可是，毕竟在重着陆时损伤严重，飞机勉强坚持了3分钟，右翼上最后一台发动机即3号发动机连同短舱也相继脱落，整个右翼外侧整体折断。飞机再也无力维持平衡，翻转过来，从1千米高度上直接以每小时400千米的速度俯冲并触地。飞机立刻被炸得粉碎，烧成一个巨大的火球。此处距离机场北部10千米，机上109人全部遇难。

表面上看，这起事故起源于一个看似无关紧要的操作，居然引起如此严重的后果，这引起航空界的深思。调查报告严肃检讨了这个教训。首先，用一个操作手柄完成两种截然不同的操作状态，这种设计思想本身就为使用差错留下了隐患。一般的系统使用这样的简约设计方式可以接受，比如加热和通风系统，操作错误也不会造成无法挽救的后果。但是，对于飞机操纵系统来说，这样的简约设计就不可接受了，起码要增加一些限制装置，比如，当功能变化时，操作力矩应该有变化，或在不同位置的设置处使用弹簧卡口，提醒机组不要错误操作。最理想的设计是，无论怎么操作，在空中也无法打开地面扰流板装置。这只需要与主起落架上的空/地开关连动即可实现。

其次，调查人员发现飞机厂家提供的飞机使用手册对空中到底能不能展开地面扰流板这个问题的表述既不完整，也不明确。因此，航空公司甚至机组人员都并没有真正认识到这个潜在的危险。加拿大运输部没有认识到加拿大航空公司使用的DC－8与其他用户的DC－8有差异，他们与航空公司共同承担了疏于管理的责任，毕竟这种飞机上装备了一种有缺陷的扰流板操纵装置。调查组同时对DC－8的发动机短舱设计，特别从燃油箱的完好性和电气布置的安全性两方面提出了整改意见。

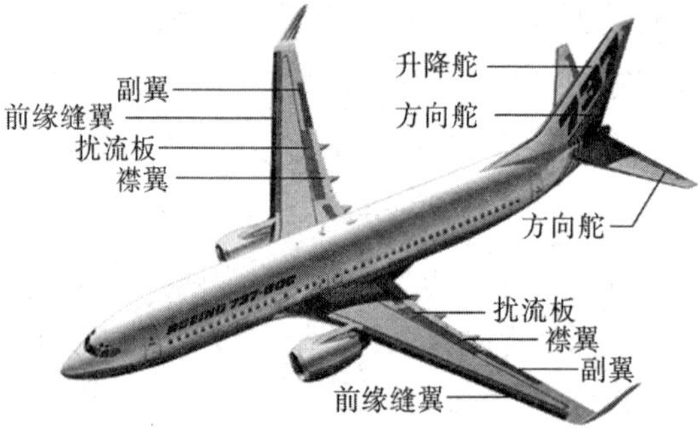

扰流板

再次，621 航班机组违反公司规定也是造成飞机失事的一个原因。加拿大航空公司规定，必须在 300 米高度上设置好地面扰流板待命状态。这些设置机组在前几段飞行中还能够坚持照办；不幸的是，这一次看来他们打算在飞机接地后手工操作，展开地面扰流板。即便发生了操作错误，已经提前展开了扰流板，如果不把飞机重新拉起来，而是顺势而为，继续着陆滑跑，那会是什么后果呢？也许，那只是一次冲出跑道的事故，机上人员不会全部罹难。但是，调查组认为，机长决定复飞而不是继续落地滑跑是正确的，至少这是避免或减轻重着陆的规定程序。何况，在当时，机组无法得知在重着陆碰击中，飞机结构已经受到严重损坏。

此后，加拿大民航局发布指令，在落地检查单中明确规定，要注意防止地面扰流板空中展开。几年后，又发生一起类似事故，幸好没有造成人员伤亡。加拿大民航局只好强制性要求安装地面扰流板操纵锁定机构，以防同类错误再次发生。有时，所谓捷径并非捷径，尤其在航空这种需要特别细心的领域，操作设计不能简单地简化，合二为一。机务人员也要按照程序一步一步操作，切勿粗心大意，否则小祸会酿成不可挽救的灾难。

知识点

飞机扰流板

飞机扰流板的作用是辅助操纵系统提供起飞、着陆的增升动力和增加在地面或飞行中的气动阻力，改善飞机的操纵性能。主要包括扰流板与减速板系统、水平安定面配平操纵系统及后缘襟翼、前缘增升装置等组成。

偏航的噩运

一场悲剧的发生，总有许多难以置信的巧合。英国有一部以苏联为敌对背景的系列间谍电影《007》，如果说这可能起源于苏联国际长途电话的国家代码为007的话，那么，大韩航空公司的007航班在苏联发生的悲剧就没有任何征兆了。这究竟是因为航行的错误还是因为007航班在执行一项间谍使命呢？

1983年9月1日，大韩航空007航班从纽约起飞，返回汉城。机上有240名旅客，20名乘务员，3名飞行机组人员，6名大韩航空公司的职员，还有一名美国众议院议员。这是一架波音747-230宽体客机，根据飞行计划，在美国阿拉斯加州安科雷奇经停，更换飞行机组，并且加油。80年代的民航机飞越大洋时，主要依靠惯性导航技术，因此，飞机在安科雷奇停留时，机上3套惯性导航传感器重新输入飞行计划数据，飞行计划由飞行高度和航路点经纬度为基本元素，与自动驾驶仪交连后，自动操纵飞机，沿着预定航线飞行。

大韩航空公司的007航班

飞机在安科雷奇经停50分钟，重新起飞。飞机起飞10分钟后，开始向右偏航12千米。这不算什么异常，安科雷奇的航管员也没有询问007飞行机组为什么要偏航。之后，007航班飞越贝瑟尔走廊。根据美国空军的远程防空雷达的记录，该航班偏航已达25千米。可是，空军与民航之间的雷达没有信息交连，也没有建立互相协调的制度。民航没有发现这架波音747的偏航越来越严重，最后，偏航距离达到400千米，直接飞入苏联堪察加半岛的领空。

堪察加半岛是苏联远东部分的一个半岛，位于鄂霍次克海和白令海之间。根据记载，人类首次到该半岛探险是在18世纪。不过，这个时候，007航班飞越的下方恰好是苏联潜艇和导弹基地所在地。这个与美国军事力量隔海相望的无人地带，无疑是冷战时期最紧张的前沿。何况，鄂霍次克海是太平洋西北部的一个边缘海，它位于堪察加半岛和千岛群岛西面，有窄小的海峡与日本海相通，战略地位十分重要。

根据美国方面的截听纪录，早上6时5分，苏联空军的苏－15截击机飞行员从空中向地面指挥人员报告，他们已经看见这架波音747飞机。20分钟后，苏－15截击机完成了敌我识别程序，开火射击，打算引起007航班机组人员注意。但是，007航班没有任何反应，继续在苏联领空内飞行。不久，因飞机正常的燃油消耗，波音747重量减轻，按正常飞行规则，开始从当前巡航高度向更高的巡航高度过渡。这样的动作也许被认为是故意逃避，苏－15飞机飞到了波音747前面，进行警告，然后，重新确定自己的位置，对波音747发射了两枚导弹，随即报告说“目标已被击毁”。

波音747虽然中弹，遭到严重破坏，部分旅客伤亡，但还可以飞行。副驾驶立刻通话报告说：“大韩航空007航班……所有发动机……突然损坏……立刻下降……”之后，坠入库页岛西南方80千米处的日本海，全机269人全部遇难。失事地点为国际海域，苏联舰船首先赶到并封锁了坠落现场。事后，苏联仅把部分残骸和个人物品交给了日美当局，拒绝交出飞行数据记录仪和舱音记录仪，也拒绝配合西方调查组工作。苏联方面指责西方利用民航机进入苏联领空进行侦察和情报收集活动。如果因导航或机械故障导致偏航，007机组完全可以通知地面航管员协助导航，也可以排除燃油不足而抄近路的可能性，但也没有证据可以证明007航班的机组人员曾意识到飞机已经偏航。

国际民航组织的调查结果认为，飞行机组在起飞时把自动驾驶仪的旋钮处于“保持航向”方式上，应飞航向为246度。起飞后，应该再转一个角度，以便把自动驾驶仪和惯性导航传感器交连起来，这样，惯性导航传感器就能为自动驾驶仪提供不断更新的导航数据。根据苏－15飞行员报告，拦截007航班时，这架波音747的航向为240度。另外一种可能是，在安科雷奇停留时，输入起点经纬度数据出错。当时飞机位置经度为西经 149 度，如果输成西经 139 度，就会产生同样的偏航幅度。

从飞行技术角度说，仍然无法解释为什么会产生如此巨大的偏差而 007 航班机组却浑然不觉。一种担心是飞机上有 6 名本公司职员，他们当时在做什么，是否在和机组交谈，分散了机组的注意力呢？在驾驶舱仪表板上，有足够的指示信息，包括惯性导航传感器和自动驾驶仪的工作状态信息。如果系统没有交连，会有警报信息出现。这样的警报是闪烁的灯光和音频警报声。如果说从开始就输入不正确，所有显示出来的航路点乃至整个飞行计划信息都有偏差。当然，安科雷奇航管员的确发现 007 机组报告的即刻位置时间与预定飞行计划时间不符，但是，他并没有询问 007 航班机组。

根据这样的偏差幅度，007 航班机组不可能收到正常飞行时应该收到的圣保罗岛和西米亚空军基地导航台信号。西米亚空军基地导航台是飞越这个地段必须使用的信号，如果飞机没有接收到这个信号，已经说明飞机严重偏航。此外，这架波音 747 飞机上的气象雷达具有地图识别能力，从雷达屏幕上可以认出飞行下方的堪察加半岛和库页岛。

苏联提交了自己的调查报告，坚持认为这架大韩航班飞机另有目的，指责日美有关航管员失职，没有发现这架航班飞机已从预定航线和空域里“丢失”。日美方面指责苏联调查报告自相矛盾，特别是没有证据表明射击前苏－15 截击机的飞行员与大韩航空 007 航班机组人员进行过联系。甚至，没有证据能够证明他们飞到这架波音飞机的附近，否则，肉眼就能够识别——这是一架标识十分清晰、机体巨大的宽体民航机。

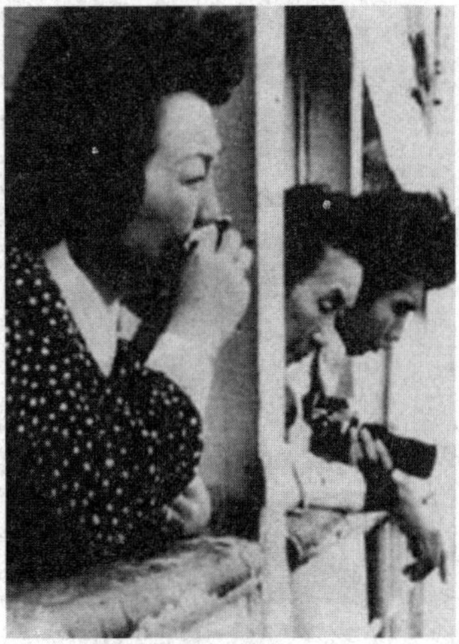
遇难家属悲痛的场景

苏联方面反驳说，当时美国也有一架侦察机 RC－135 在飞行，利用 007 航班飞机的角度掩护自己，使苏联地面防空警戒雷达无法看见。这是苏联派苏－15 截击机升空拦截的初衷。美国方面随后承认确有一架 RC－135 在当时的空域中活动，但在007 航班被击落 1 小时前，已经返回基地休息。

16 个月后，美国在圣保罗岛安装了专用的民航雷达系统，以更好地监管北太平洋地区敏感地带的民航运输飞行活动。6 年后，苏联解体，冷战结束。又过了 1 年，俄罗斯交出了当年打捞到的飞行记录仪。分析表明，007 航班机组忘了接通惯性导航传感器。无论韩国航空公司是否是在执行间谍使命，机上的 269 名乘客和机组人员都为这两个超级大国的军备竞赛付出了生命的代价。所以，国际民航组织再次呼吁，不得对民航飞机采取武力攻击。参与击落这架客机的一位苏联飞行员因内疚而自尽，尽管苏联赋予他“国防英雄”的称号，也不能弥补他对自己行为的谴责，表现出了令人钦佩的人格。

知识点

航　线

飞机飞行的路线称为空中交通线，简称航线。飞机的航线不仅确定了飞机飞行的具体方向、起迄点和经停点，而且还根据空中交通管制的需要，规定了航线的宽度和飞行高度，以维护空中交通秩序，保证飞行安全。

民航史上最大空难

1977 年 3 月 27 日，非洲西北大西洋中，西班牙加纳利群岛的特内里费岛的洛罗度士机场跑道上，两架波音 747 客机——美国泛美航空公司一架波音747 和荷兰航空公司一架波音 747 相撞，一瞬间，旅客和机组人员死亡 583人，幸免于难的仅 61 人。这是民航史上最大的空难事件。

灾难发生在特内里费岛的洛罗度士机场。该岛位于大西洋中，是西班牙的加纳利群岛中最大岛屿。许多人都把这次事故简单地归结为塔台指挥和机组操作错误，但也有恐怖主义在作祟。这两架飞机原本都不该降落在这个机场，而是降落在加纳利群岛的另外一个岛屿即拉斯帕尔马斯（该岛也是西班牙属加那利群岛上的主要城市，在大加纳利岛东北海岸线上，建于15世纪晚期）。3月27日是星期天，拉斯帕尔马斯机场人不是很多，但在机场候机楼内发生了一起炸弹爆炸事件，导致8人受伤，警方接到消息说，还有一枚炸弹。所以该机场立刻关闭。

洛罗度士机场

这两架波音747分别来自美国洛杉矶和荷兰阿姆斯特丹。由于应停机场不能降落，临时改降到特内里费岛的洛罗度士机场，等候进一步通知。加纳利群岛是大西洋中途的重要航空运输枢纽，气候湿润温和，森林茂密，丘陵起伏，风景秀丽，是个旅游的好地方。因此，一旦出现机场临时关闭，航班积压现象会十分严重，而且都是远程国际航班。一时间，洛罗度士机场停满了大型飞机，候机楼内人满为患，水泄不通。工作人员也心急如焚，努力及早让旅客继续旅行。

傍晚时分，拉斯帕尔马斯机场终于开放。洛罗度士机场塔台立刻开始放行积压的航班。泛美航的波音747已经做好所有准备，得到起飞滑行许可。可是，他们被荷兰航的波音747挡住了。荷兰航的波音747比泛美航的起飞许可早得多，不过，荷兰航的机长想趁在这里等待的时候把返回阿姆斯特丹的油加满，耽误了重新上客的时间，起飞时间也就顺延到泛美航起飞时间的前面。这两架飞机都要前往附近的终点站拉斯帕尔马斯机场。

荷兰航机长已经累计飞行了 2 万小时，经验丰富。他之所以如此抓紧时间，是因为如果航班继续延误，机组就要超过荷兰民航局规定的最大值勤时间。那样，他们这套机组就必须在这里休息。所以，他们想尽快赶到拉斯帕尔马斯机场，接上返程旅客就走。此外，特内里费岛傍晚容易起雾，加上航班积压严重，他们想尽早离开这忙乱不堪的是非之地。

波音 747 客机

特内里费岛的航班积压的确很严重，后来陆续到达的飞机连停机坪的位置都没有了，只能停在滑行道上等候。所以，荷兰航的波音 747 获得起飞滑行许可后，没有滑行道可用，必须在跑道上滑行到跑道端头，掉头起飞。后面跟着泛美航的这架波音 747 飞机同样需要利用跑道滑行到起飞点，掉头起飞。不出所料，这个时候，开始起雾了，能见度下降到只有 500 米，而且，气象报告说，将很快下降到 200 米。

荷兰航的波音 747 滑到跑道端头，完成了 180 度转弯。在起飞线上，机长通知塔台说已经就位，可以起飞。塔台确认说，已经知道荷兰航波音 747 飞机位于起飞状态，并对起飞后的离场转弯程序作了说明。可是，塔台并没有同意荷兰航波音 747 立刻起飞。荷兰航机长误以为塔台同意起飞，立刻推动油门，操作飞机加速滑跑起飞。

问题可能还出在英语通信方面。尽管飞机与塔台的联系使用的是国际标准英语，但是洛罗度士机场塔台人员是本地人，官方语言是西班牙语，讲英语带有西班牙口音，对英语的理解可能也不是很彻底。因为荷兰航波音747机组在接到塔台起飞离场程序说明后，虽然塔台很清楚地表明并没有同意起飞，但可能是机长误会，已经操作飞机起飞，副驾驶还专门说了“我们处于起飞状态……”。塔台人员显然没有弄清楚这到底是位于起飞状态还是已经处于滑跑状态，他只是回答说“准备起飞……我会通知你……”。在泛美航的波音747驾驶舱里，两位机组人员清楚地听见了塔台和荷兰航波音747机组的对话，不约而同地同时向塔台报告“还在跑道上滑行”。不幸的是，由于他们同时通话，在塔台那端引起了强烈的无线电干扰声。塔台随后要求他们“离开跑道后报告”，泛美航波音747机组随即答复“明白，离开跑道后报告”。

本来，泛美航波音747滑行一段，达到C－3快速滑行道端口后，应该转下跑道，进入C－3滑行道等待起飞。塔台对泛美航波音机组也重申了在C－3端口转下跑道，可是，泛美航机组仿佛没有理解塔台的用意，而是继续向前滑去，准备在前面的C－4滑行道再转下跑道。

荷兰航正在起飞滑跑的波音747机组也听见了泛美航波音747机组与塔台的对话，随机工程师还问“怎么，泛美航还在跑道上?”，机长还回答说“是呀”。

荷兰专家事后对塔台人员的工作质量提出了强烈置疑：他们不仅没有使用标准航空英语，也没有确认是否起飞的指令，更要命的是，塔台录音带里清晰地录着，当时塔台里有收听实况转播足球大赛的声音。

泛美航的波音747飞机继续在跑道上滑行，突然，机长发现前面的浓雾里钻出一架正在起飞抬头状态的波音747飞机。泛美航波音747机长当机立断，操纵前轮，猛摆机头，飞机偏出跑道，一头扎进土坪里。那架起飞状态的荷兰航波音747也发现了前方跑道上有一架波音747，连忙尽最大努力拉升。可是，起飞时为了减少噪音，机长使用了减少起飞功率方式，飞机速度、高度都不够，抬头动作虽然很猛，但尾部撞在地面上，拖出长长的火焰。地面的反作用力又把机头弹了下来。波音747有4套主起落架。荷兰航飞机犁过了身下的泛美航飞机头部，绊倒在150米开外的跑道上，反向旋转过来，摔成几大段。刚加满油的飞机立刻起火，连续爆炸，散布面积达到300米，没有一个人能够在这样的火海中逃脱出来，机上248人全部罹难。

当时的火灾现场

泛美航的波音747机身被掀开一大片，垂直尾翼被彻底撞断，飞机打了一个滚，同样被大火和爆炸所包围。所幸的是，由于机长果断决策，干脆地将飞机冲出跑道，机上396人中最终有63人获救。

这次沉痛的悲剧再次使人们认识到，国际民航界一定要使用标准精确的航空通信术语，机组和地面航管员一定要确认起飞放行许可。同时，应该尽快部署地面监视雷达，改进地面灯光系统。不过事实上，直到西班牙本土又发生类似事故后，这些宝贵的建议才被完全采纳。希望以后能防患于未然，而不是出了很多事故再悔不当初。

知识点

塔　台

塔台或称控制塔，是一种设置于机场中的航空运输管制设施，用来监看以及控制飞机起降的地方。

通常塔台的高度必须超越机场内其他建筑，以便让航空管制员能看清楚机场四周的动态，但临时性的塔台装备可以从拖车或远端无线电来操控。完整的塔台建筑，最高的顶楼通常是四面皆为透明的窗户，能保持360度的视野。中等流量的机场塔台可能仅由一名航管人员负责，并且塔台不一定会每天24小时开放。流量较大的机场，通常会有能容纳多名航管人员和其他工作人员的空间，塔台也会保持一年365天，每天24小时开放。

小飞机撞上大飞机

美国是私人飞机最发达的国家，许多人拥有私人飞机驾驶执照。他们中有的人拥有飞机，更多的是通过飞行俱乐部分享一架飞机，或者仅仅租赁使用。他们是通用航空的重要力量，因此，在美国，类似于出租车的短途飞行服务也很便宜。这支民间力量为美国职业航空队伍提供了充裕的后备军。美国空域是对公众开放的，军用空域受到严格限制，在私人使用空域管理方面经验丰富。应该说，在飞行量如此大的情况下，很少发生重大事故，也是相当不容易。私人飞机通常使用小型机场，只有在共同使用民航机场时，才容易出现险情，而且在绝大多数情况下，是小型私人飞机飞行不规范造成的。

1986年8月31日，正是炎热的盛夏之末，人们都是懒洋洋的提不起精神来。这一天，墨西哥航空公司一架DC－9飞机从墨西哥城前往洛杉矶国际机场，执行498航班。飞机上有58名旅客，6名机组人员。飞行一路顺利，航路气象也很稳定，并且，已经得到洛杉矶国际机场的接受许可。看起来，又一个航班即将顺利结束。当然，飞机申报的是仪表飞行规则，498航班机组按公布的飞行规则和批准的程序，朝着西北方向下降，准备着陆。

DC－9飞机

这个时候，还有一个航班不仅希望顺利结束，而且是甜蜜地结束。这是一架小型飞机，风笛手飞机公司出产的“人马星座”。上面有3位乘客，他们是一家人，父母和他们的女儿。他们从托兰斯起飞，前往圣贝纳迪诺。这两个小城市都位于加利福尼亚州南部，托兰斯位于洛杉矶以南，创建于1912年前后，现为制造业中心。圣贝纳迪诺在圣贝纳迪诺山山脚下，位于洛杉矶东部，1810年得名，19世纪50年代设市。这架“人马星座”飞机申报的是目视飞行规则。按照批准的航路，它不允许进入繁忙的洛杉矶国际机场管制空域，而是应该在该空域外围经过。可是，它在朝东飞的时候，偏航进入了洛杉矶国际机场管制空域，8分钟后，它将穿越498航班DC－9喷气客机下降着陆的航路。洛杉矶天气像往常一样，阳光灿烂，水平能见度达到25千米。

洛杉矶塔台的航管员没有看见“人马星座”进入，正忙着引导另外一架小型私人飞机。那是一架格鲁曼飞机公司出产的“虎”牌小型飞机。它也进入了洛杉矶国际机场管制空域，为避免与正常的民航航班发生危险接近，驾驶员正要求航管员协助。

“虎”牌小型飞机

航管员看见雷达上已经出现了498航班那架DC－9飞机。它正在下降，高度大约1980米。他急忙指示“虎”牌飞机的驾驶员说：“接下来你要仔细瞧着洛杉矶国际机场管制空域图，按照上面的说明去做。”他说完以后，再返回来看雷达，498航班那架DC－9飞机的回波已经无影无踪了。

根据目击者报告，“人马星座”与498航班飞机呈直角状态相撞。残骸分析表明，498航班飞机的水平尾翼当场削掉了“人马星座”的驾驶舱，3位机上人员仿佛被斩首一般，被割掉了头颅。这架小飞机凌空爆炸，粉碎性解体。498航班失去水平尾翼后，翻转过来，下坠到地面，掉在机场东南30千米开外的一片居民区内，“人马星座”飞机的残骸洒落在500米外的一个学校操场上。地面上共有15人死亡，8人受伤，18幢房屋被毁。

调查组认为诱发事故的根本原因在于空管体系制度上的落后，特别是仪表飞行规则和目视飞行规则之间不能很好协调。此外，小飞机擅自进入不该进入的空域是直接原因。此后，美国要求所有飞入主要机场管制区的飞机必须准备可编码的机载应答机，以便航管员及时识别雷达回波目标。完善的飞行管理制度也是在一次次的事故中积攒起来的，这是令人心痛的。

知识点

空中管制

空中管制指的是利用通信、导航技术和监控手段对飞机飞行活动进行监视和控制，保证飞行安全和有秩序飞行。在飞行航线的空域划分不同的管理空域，包括航路、飞行情报管理区、进近管理区、塔台管理区、等待空域管理区等，并按管理区不同使用不同的雷达设备。在管理空域内进行间隔划分，飞机间的水平和垂直方向间隔构成空中交通管理的基础。由导航设备、雷达系统、二次雷达、通信设备、地面控制中心组成空中交通管理系统，完成监视、识别、导引覆盖区域内的飞机。

连串失误引发的空难

有时候劫难就来自一系列疏失。将个人情绪和矛盾带到工作中，害人害己，而自身的业务不熟也会酿成大祸。1992年7月31日，泰国国际航空公司的311航班从曼谷起飞，前往尼泊尔首都加德满都。航班使用的是“空中客车”A310飞机，机上有99名旅客，14名机组人员，共113人，恰好是该航班号的倒置。

“空中客车”A310飞机

中午12时45分，飞机飞到距离加德满都机场40千米之外，开始下降。可是，机组发现襟翼无法打开。他们向地面航管员报告飞机故障，然后，要求直接飞到印度加尔各答着陆。不过，他们在空中收起手柄后再次释放，襟翼却正常展开了。当然，这个时候，飞机已经错过正常下降点。为此，机组要求飞越罗密欧导航台，重新开始按预定计划着陆。他们这样请求了4次，还是没有得到地面回应，于是，自作主张，向右转弯，从当前的3200米向5486米爬升。塔台知道311航班开始爬升后，立刻通知它保持在3500米高度上，因为它前面正好有一架尼泊尔航空公司的飞机在朝这一方向飞过来。塔台人员之所以没有立刻回答311航班，也是因为他在处理这个飞过来的尼泊尔航班。这个航班是尼泊尔本国航班，语言相通，他们就多说了几句。这位航管员也是一位实习航管员，业务方面不是很熟练，没能正确使用规定的标准航空通信英语通话。

311机组接到塔台指令后，立刻就地做了一个360度盘旋，打算继续沿预定航向下降，返回原来的导航台，可是在飞行管理计算机系统上输入“罗密欧”这个导航台时，怎么也输不进去。机长不得不报告说：“我们遇到了技术问题。”其实，不是输入发生技术困难，而是机组对飞行管理系统不熟，不知道在已经飞过罗密欧导航台的情况下，再次输入该导航台，无法在电子地图上显示出来。因为，从飞行管理系统的设计上说，没有考虑调头朝回飞的情况。机组无法从显示的电子地图上看见自己所输入的导航台，才认为飞机出了问题。

副驾驶在最近的机长晋升考核中没有得到合格的成绩，机长已经知道这位副驾驶因技能不佳，无法提升到机长岗位，所以，根本不相信副驾驶的技能。实际上在航行中，副驾驶也的确有几次没有完成机长的指令。副驾驶报告无法输入罗密欧导航台后，机长自己操作键盘，企图输入，可能是两人在同时输入，飞行管理计算机没有接收他们的指令。

正在这一系列手忙脚乱的时候，飞机已经逾越了360度的闭合圈子。因此，完成转弯后，飞机实际上并没有严格按原来航向飞行，稍微超出一点。可是，众所周知，尼泊尔是个高山国家，这一点点偏差在尼泊尔经常是致命的。

加德满都机场

这套机组经常飞加德满都机场，对这里非常熟悉。可能因为无法向飞行管理系统输入希望的导航台，他们朝外观测，过于依赖地貌特征飞行，于是发生了方位判断上的错误。他们报告说他们位于机场南部，实际上，却在朝北部山区飞去。当时天气也不太好，多云。他们正忙着与地面航管员说明为什么错过了罗密欧导航台，下一步打算怎么做，由于双方的母语都不是英语，通话效率很低，需要反复解释才能互相理解。可是，飞机不能停下来，只能继续在空中飞行。

最关键的是，到此刻为止，无论机组还是地面的实习航管员都没有提到311飞机的具体方位在哪里，机长仅仅报告过一次与机场的距离。尽管如此，这也是他认为的距离，并没有任何导航台信号加以确认。这也是未使用标准通话的一个后果，导致双方疏忽了飞行安全的关键要素。特别是塔台指令311航班要保持在3500米高度上后，按照规则，应该很快发出进一步的指令，可他再也没有引导过311航班。

311航班机组可能因此产生误会。他们认为地面航管员当然在监视他们的飞行，之所以没有发出指令，是认为311航班机组的操作是正确的，没有问题。所以，311机组就继续按照他们的想象而不是地面的引导飞了下去，并很快从左边飞过已经平行的机场跑道。副驾驶还没有认识到为什么平常输入的导航台这一次却看不见了，有些绝望地说："怎么那些导航台都不见了？我们应该正在朝他们那里飞呀。"这时，如果应用最简单的无线电导航方式即自动定向机，就能发现他们希望的导航台不在飞机前面，已经落在飞机后面。在最后一刻，副驾驶感觉到飞行方向不对，连连叫道："我们在朝北飞，我们在朝北飞。"然后，近地告警系统响了起来。副驾驶叫道："赶快躲！赶快躲！"可是，机长却说："没有什么，那是误警。"

当时，正下着大雨，云很低，能见度不好，只有5千米左右。飞机前方的高山被森林所覆盖，在雨雾中显得朦朦胧胧。机长发现前方蓦地出现庞然大物时，措手不及，飞机虽然开始拉起，但还是不可避免地撞进陡峭的山岩。

地面的实习航管员只有9个月工作经验，特别是他从来没有询问过311航班飞机的速度和航向，所以，当他感觉311航班飞机可能已经出事后，仍然无法正确描绘311航班飞机的可能方位，给及时救援造成了很大困难。2天后，才在机场东北方向40千米开外的山区里发现了飞机残骸，机上人员早已全部罹难。事故地点海拔高度1400米，撞击速度560千米每小时。飞机处于航线飞行状态，襟翼和起落架均未放下。撞击时飞机发生过爆炸，但没有明显的起火燃烧现象，这可能和当时正值大雨滂沱有关。

对飞机残骸的检查，没有发现故障，导航设备也没有问题。尼泊尔和泰国双方就事故认定的原因发生了激烈的争执。尼泊尔认为主要是机组问题，泰国认为地面航管员有不可推卸的责任。飞机制造方的法国也参加了事故调查，他们认为泰国的观点还是有道理的。总之，这是一场人为原因造成的事故。而这样的灾难本来是可以避免的，但是到最后很多无辜的人因为这些人为原因陪葬了。

知识点

“空中客车”公司

空客公司（Airbus S. A. S. ），是欧洲一家民航飞机制造公司，1970 年于法国成立，由德国、法国、西班牙与英国共同创立。空中客车公司由欧洲最大的军火供应制造商欧洲宇航防务集团（EADS—European Aeronautic Defence and Space Company）拥有。

一个单词导致的空难

俗话说“差之毫厘，谬以千里”，尤其是在航空领域，有时候一点点小错往往会愚弄生命、践踏生命。1995 年 12 月 20 日，又是一个圣诞节前的日子。在美国，许多单位已经开始放假，作为旅游城市的迈阿密，航空运输自然十分繁忙。这天下午，美利坚航空公司的一架波音 757 飞机执行 965 航班，前往哥伦比亚的卡利。卡利是哥伦比亚西南部城市，位于波哥大西南的卡利河畔，建于 1536 年。本次航班的机长在这条航线上已经飞过 13 次，经验丰富。在他的监督下，本次航班由副驾驶具体操作飞行。

虽然起飞时严重延误，推迟了 2 小时，但一路顺利。波哥大航管中心接到 965 航班报告后，批准他们下降，并按程序把 965 航班移交给航管员。根据飞行计划，965 航班应该飞越当地的一座叫做图图拉的导航台并在 1 号跑道上着陆。

波音 757 客机

为了赶时间，机组讨论了形势后，认为可以利用 1 号跑道直接着陆，从方向上说，却是反向 180 度，因此，跑道这一端口为 19 号。塔台同意了 965 航班机组的新计划，但是，由于英语不是母语，他没有听清楚机组要求的真正含义是直飞到跑道前的罗卓导航台。

卡利机场附近空域条件不好。这个城市坐落在峡谷中，要沿着狭长的河谷地带下降着陆，航路两侧是崇山峻岭。而且，卡利机场没有航管雷达，塔台无法监视飞机下降状态，只能根据机组自己的报告来确定飞机方位、航向和速度。由于 965 航班机组采用了直飞方式，沿途的导航台一律忽略不计，机组也没有及时核对飞机所在的方位是否正确。

为了直飞罗卓导航台，965 机组在飞行管理系统上输入罗卓导航台的名字。本来，应该将导航台的全称输入，可是，为简便起见，机长仅仅输入了一个“罗”字。这样，飞行管理计算机把数据库中所有“罗”字开头的导航台统统调出来，一共有 12 座，并按后继字母顺序排序。机长没有意识到计算机不能按照当前位置自动排列合理的导航台，本能地选择了第一个导航台。副驾驶违反规定，没有对机长的选择加以确认。飞机立刻自动执行了这个命令，只是，不幸的是，排在第一个的并不是他们希望的罗卓导航台，而是罗密欧导航台。

罗密欧导航台并不在本地，位于波哥大，距离飞机当前位置还有 210 千米，其间高山重重。更重要的是，为避免同名混淆，国际航图标识中规定，在一个国家里，不得使用同样标识符来代表不同地点和工作频率的导航台。所以，在导航数据库的设计中，虽然罗卓导航台和罗密欧导航台都可以用“罗”字标识，但对于哥伦比亚这个国家来说，罗密欧导航台的重要性远高于罗卓导航台，在数据库中，用“罗”来表示罗密欧导航台，而不是罗卓导航台。机组企图通过“罗”字来调出罗卓导航台，那是根本办不到的。

其实，机长只需要检查一下这个“罗”字后面显示的经纬度，就能发现根本不对头。那样，他就能意识到，如果想调出罗卓导航台，必须全部输入“罗卓”全称。从这个角度推断，机组没有认真进行飞行前准备。

飞行管理系统接到飞往罗密欧导航台指令后，立刻操纵飞机转弯。由于机组已经使用直飞功能，计算机自动删除原来飞行计划中的中间导航台。这样，飞机改变方向，偏出正常下降着陆航线时，机组一时没有察觉。飞机很快飞出本来应该自动截获的下降航路点，朝着波哥大方向飞过去。不幸的是，前方是大片山区。飞机虽然改了向，但是没有改变飞行方式，也就是，一边朝着罗密欧导航台的方向飞行，一边把它当做卡利机场的罗卓导航台，自动操纵飞机继续下降。

导航台

机组并没有认识到他们的危险，他们对地形如此放松警惕的原因是，卡利附近虽然多山，但这个城市本身坐落在峡谷里，海拔高度并不高，不在公司规定的“特别小心地形和高度的机场”范围内。当然，按照下降时间推算，机长没有发现应该看见的跑道，也没有其他任何前方是机场的迹象。他开始怀疑飞机的方向有问题，问操纵飞机的副驾驶说：“我们在朝哪里飞？”副驾驶也忘记了因为采用直飞方式，飞行管理系统已经忽略了中间的所有导航台，所以，他居然回答说：“我们不是朝图图拉导航台飞吗？”机长毕竟经验丰富，他觉察到什么，说：“不对，不是图图拉。我们究竟在哪里？”

地面和飞机上的导航设施都是完好的，有许多可以确定飞机位置的手段和设备，甚至只要看看仪表，就能知道自己的正确方位。这个时候，机组已经开始慌张了，感觉到自己迷航了，可是，仍然没有认识到在飞行管理系统上的输入错误，还是企图用飞行管理系统的自动功能来走出困境。

一般来说，如果对新设备不熟悉，应该停止使用，至少应该参考熟悉的导航方式，比如通过最基本的无线电导航系统进行核对。如果机组沉着些，通过一系列的交叉检查方式，就能够确认自己的位置。他们显然因迷航而过分慌乱了。

塔台人员也隐隐约约感觉不对。可是，他的业务英语虽然没有问题，但总不如母语自如方便，如果可以讲母语，他早就会多问几句了，作为外国语，和大多数人一样，能不开口，就不想开口了。

965 航班机组犯了同样错误，他们根本没有想到与机场塔台联络，本能地认为，如果飞机飞偏了，塔台会通知他们。可是，在这个关键时刻，他们忘记了卡利机场根本没有航管雷达，无法主动监视他们的方位和高度，更不要说给他们提供雷达引导帮助了。

副驾驶过分相信和依赖机长的个人经验，忽略了飞行仪表的实际指示。机长决定改变着陆跑道后，也没有充分复习 19 号跑道的进近程序和空域条件，基本上在凭自己的记忆飞行。

直到近地告警系统鸣叫起来，机长才相信肯定出了问题，当机立断，立刻拉起飞机。飞机由于抬头太猛，系统又告警说飞机即将进入失速状态，机长只好放松抬头动作。虽然机长的反应还是灵敏的，但是，已经无法拯救触地的命运。飞机擦着树梢，翻过山头，跌进了山坡对面的一端。机上 163 人中有 159 人罹难，包括机组和全体乘务员，只有 4 名旅客幸存，其中有一对是父女。

事故调查组发现，为方便机组使用，航图已改成彩色印刷，颜色和立体感强调了地形特征，可 965 机组似乎还是习惯老式的黑白平面式航图。同时，飞机上一切设备正常，特别是先进的自动化飞行管理系统的能力很充分。应该说，这是机组面临新老技术交替时自身没有主动适应造成的过失，与自动化的发展趋势无关。

为此，调查组建议进一步应用新技术，尽早在飞机上采用与彩色印刷的立体航图一样的航图显示，用丰富的彩色显示技术为机组提供更丰富更清晰的飞行动态信息。总之，不能因噎废食，由于新产品出事就排斥新技术的应用。

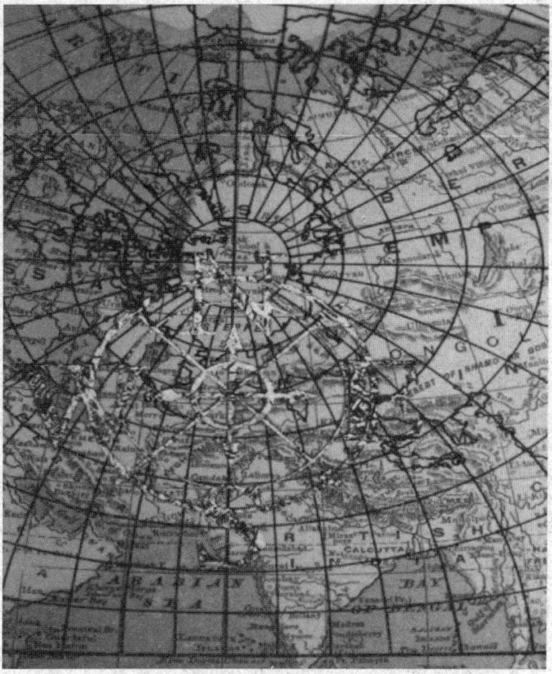

导航图

之后，国际民航组织建议研制全球统一的电子导航数据库标准，解决近似名导航台输入方式。美国联邦航空局提出要改进现有的近地告警系统，大幅度提早告警时间，以便机组有时间采取拯救行动。这样的近地告警系统就是今天广泛采用的“增强型近地告警系统”。

知识点

航　班

客轮或客机航行的班次。也指某一班次的客轮或客机，用来描述在某个确定日期执行某个定期航班计划的一次航班。例如：2007 年 5 月 25 日从北京飞上海的 CA1202 就是一个航班的实例。

指飞机由始发站按规定的航线起飞，经过经停站至终点站或不经经停站直达终点站的运输飞行。在国际航线上飞行的航班称国际航班，在国内航线上飞行的航班称国内航班。为方便运输和旅客，每个航班均编有航班号。

爱面子造成的空难

爱面子本来无可厚非，但是过分的无谓的面子，确实万万要不得。而死要无谓的面子，也成了下面这个飞机事故的头号杀手。

1994 年 4 月 26 日，台湾中华航空公司的 140 航班从台北国际机场起飞，前往日本名古屋。航班使用 A300B4－622R 宽体客机，满载 249 名旅客，15 名机组成员，于当地时间 2 时顺利到达名古屋国际机场上空。20 时 14 分，塔台准许 140 航班在 34 号跑道上着陆。飞机一直下降到距离地面仅 300 米时，看起来还是一切正常。不过，驾驶舱内部已经陷入一片混乱。起因却是一件很小的事情，或者说很小的过失。本来，这样的过失只要能够及时纠正就没事了，可是，由于过分爱面子，造成了重大损失。

事情的起因是，副驾驶可能为了把自动油门状态改成手动状态，不小心

A300B4 - 622R 宽体客机

触动了油门杆的起飞/复飞按钮，这个指令使自动驾驶仪转为起飞状态，发动机恢复最大功率，飞机停止下降。机长 42 岁，1970 年 9 月进入台湾空军，学习飞行 C-47 军用运输机，转业到台湾民航后，先是从事波音 747 副驾驶工作，然后，转为 A300 飞机。在这种飞机上，他有 1357 飞行小时积累，并于 1992 年 12 月 1 日提升为机长。他立刻发现了这个错误，说："你动了油门杆的起飞/复飞按钮。"副驾驶说："我就碰了一下，先生。"机长吩咐他说："解除起飞/复飞方式。"这个时候，飞机位于机场跑道入口 5500 米，很快就可以着陆了。

副驾驶只有 26 岁，1990 年毕业于台湾航校，于 1993 年 3 月 22 日获得 A300 机型副驾驶资格。他按照机长吩咐，用升降舵操纵飞机，手动减少发动机功率，使飞机重新回到下降剖面上。可是，尽管机长提醒副驾驶两次，他仍然没有解除自动驾驶仪的起飞/复飞方式。这可能是因为副驾驶认为只要解除油门杆的起飞/复飞按钮就行了，但自动驾驶仪已经改变成起飞/复飞工作方式，不能通过油门杆解除。副驾驶也按照要求前推操纵杆，压低机头，因为自动驾驶仪已经处于起飞/复飞方式，推驾驶杆无法改变它的工作方式，必须直接用自动驾驶仪的功能按钮来解除。其实，只要在仪表板上重新选择要求的自动驾驶仪工作方式就可以了。

飞机在人工操纵下强行下降高度，但在自动驾驶仪的操纵下保持起飞/复飞姿态，飞机在不断抬头。距离地面只有150米高度时，机长自己接过驾驶，也没有认识到飞机已经接近上仰极限状态，只是发现飞机不听话，虽然在勉强下降高度，却在持续抬头。他自言自语地说："今天这是怎么啦?"飞机已经进入最大仰角保护姿态，系统发出了报警声。机长也像副驾驶那样，想通过推操纵杆来压低机头，进一步手动收小油门，可无法降低飞机抬头姿态。机长认为飞机姿态不对，无法落地，只能将错就错，要求改成复飞状态。副驾驶对塔台通话说"飞机进入复飞"。

机长是有错误的，他没有发现仪表板上的指示，飞机已经处于起飞/复飞工作方式，这是飞机自动抬头的根本原因。副驾驶没有解除自动驾驶仪的这种方式，他自己也认识到，自己操纵飞机时比正常情况下更费力，这是自动驾驶仪在抵抗他的操作。可是，他碍于面子不敢告诉机长，怕机长批评他。机长接过操纵时主观认为副驾驶已经完全控制了飞机，没有观察仪表板上的工作状态，自己也没有采取正确的行动和程序。这样，在一系列错误操作下，飞机超过自动配平的工作范畴，系统无法自动保持飞机俯仰平衡，进入失速边缘。偏偏在这个时候，机长又决定复飞了。

"空中客车"飞机公司的这种驾驶系统设计概念在其他西方航空公司里已经导致两次同类错误，由于机组技术过硬，及时纠正了错误，"空中客车"飞机公司也发出了相应的修改指南。因为这些指南标识为"建议指南"，不是"必须执行"，所以，中华航空公司计划等到飞行计算机有了故障需要修理时一并进行修改。"空中客车"的使用说明书也写得不够明晰，机组不容易搞清

"空中客车"飞机

楚这些自动工作方式之间精确的相互关系，特别是没有强调说明如何解除自动驾驶仪的基本工作方式。对于飞机失去平衡能力后的紧急恢复也描写得不够。140 机组没有及时认识和纠正错误的另一个原因是，公司选择了在泰国航空公司的飞行模拟器上训练，而泰国的模拟器没有及时更新相应的修改软件和培训材料。换言之，中华航空公司机组在泰国没有接受过这样的训练。

飞机在复飞动作下迅速抬头，但是根本没有速度，飞机立刻超出仰角极限，进入失速状态。飞机尾部首先碰到了地面，但速度只有 145 千米/时。接着左翼触地，飞机解体，起火爆炸，残骸分布范围长 140 米、宽 60 米，距离跑道中线只有 120 米。左发动机抛离，右发动机还连在挂架上，机翼断成几截，水平尾翼和垂直尾翼都折断了。机上有 271 人，其中 264 人先后罹难。抢险人员曾从现场救出 16 名旅客，但是，在送往医院的途中已有 6 人停止了呼吸；之后，在医院的抢救和治疗过程中，又有 3 人离开人世。整个事故中，仅 7 人得以幸存，他们当时坐在客舱机翼附近部位。

事情发生后，“空中客车”飞机公司受到许多批评，主要意见是说，飞机设计上采取过多自动保护措施，导致 140 机组在一系列操作错误后，飞机仍然能够勉强保持飞行，使机组没有及时认识到自己操作有问题，最终无法及时挽救飞机。

“空中客车”飞机公司对此提出了反驳，不过，征求了用户意见后，还是做了全面修改。首先是修改油门杆设计，使飞行人员不能无意碰到起飞/复飞按钮，并对自动驾驶仪软件进行修改，在起飞/复飞方式下，推动操纵杆可以直接解除自动驾驶仪工作。同时，对机组的训练科目也做了充实和改进。

疲劳驾机造成的空难

在当今的航空公司管理中，各航空公司对机组疲劳问题已经高度重视，安排飞行作业时，严格控制飞行人员的时间。美国国家运输安全委员会甚至提出“疲劳就是伤亡”这一概念。但是，疲劳飞行事故仍有发生。

美利坚航空公司安排飞行机组3天为一个工作单元。1999年6月2日，1420航班是该机组3天航班中头一天的最后一段。这天早晨，该机组执行1226航班，从芝加哥前往盐湖城，然后，执行2080航班，从盐湖城前往沃思堡达拉斯，最后，执行这一段即1420航班，前往小石城。小石城是阿肯色州首府和最大城市，位于阿肯色河畔，1821年成为地方首府，1836年成为州府。1957年，联邦军队来到这里，强制执行最高法院3年前反对公立学校种族隔离制的判决，一时蜚声国内外。

美利坚航空公司

这一天，美国上空天气普遍不好。1226航班由机长驾驶，2080航班由副驾驶操作。由于沃思堡地区天气太差，飞机在空中盘旋等待了半小时才着陆。1420航班预定在当地时间20时28分起飞，21时41分到达小石城。机组执行2080航班时，在空中就收到地面的电报说，1420航班航路上有雷雨，需要延误到21时起飞。由于2080航班已延误，根据公司的飞机检查制度，1420航班必须推迟到23时16分才能再次使用。为此，副驾驶建议说，要么取消1420航班，要么换一架飞机。沃思堡地面准备了另外一架飞机，1420航班于22时40分再次起飞，由机长驾驶。机长48岁，飞行经验非常丰富。1998年，他获得提升，成为MD－80机队飞行部主管。1999年，他进一步被提升为公司芝加哥基地总飞行师。芝加哥基地是该公司最大的基地。所以，公司上下对他的才华、能力和领导经验都没有任何异议。副驾驶也是军人出身，35 岁，1983 年获得私人飞行执照，1988 年进入美国海军飞行。1991 年从海军转业，首先进入一家公务航空公司，驾驶各种小型飞机，并担任部门经理职务。1999 年，进入美利坚航空公司工作，飞行技能方面的评语是“超过公司招募飞行员的平均技能水平，具有非常好的专业理解力和知识”。他家在洛杉矶，执行 1420 航班前，从洛杉矶搭本公司航班到芝加哥上班，路上需要 4 小时。这在美国的航空公司是司空见惯的事情。

23 时 34 分，小石城塔台通知 1420 机组说，机场西北方有雷暴活动，阵风很大，达到 81 千米/小时。副驾驶回答说的确如此，在空中已经看见那里有闪电现象。接着，他们开始讨论如何处理阵风问题，他们在公司规定的侧风条件方面出现了分歧，驾驶飞机的机长说，公司规定的最大侧风为 46 千米每小时，但是副驾驶说，公司规定的最大侧风不能超过 37 千米每小时。他还拿出手册想让机长看看，但是机长说：“你放下那东西，我还记得住什么是公司规定。”

5 分钟后，塔台通知 1420 航班可以下降到 980 米高度，并批准他们使用 22 号左跑道做目视着陆。塔台说：“从现在起你们可以使用机上雷达，可能比我们的地面雷达看得更清楚些。”副驾驶回答说：“是这样，我们的气象雷达显示出来的雷雨信息与你们提供的相仿，只是移动速度比你们预报的快一些。我们只能勉强看到 22 号跑道，所以，请你们尽可能地继续帮助我们落地。”塔台通知机组说，在机场西北边界处，有风切变活动。机组随即要求在 4 号右跑道着陆，这样，可以顶风着陆，否则，继续在 22 号跑道上着陆，就是顺风。塔台同意了机组的请求，飞机调转方向，避开雷雨区，对准了航向信标台，按照规定的下降梯度，开始朝 4 号跑道飞去。

不过，机长却发现了问题，他问副驾驶：“你看见机场了吗？它在那边吗？我看不出跑道在哪里。”塔台告诉 1420 机组说，又过来一片雷雨。副驾驶问机长：“那么，是不是尽快抄近路着陆？”机长说：“行啊，如果你看见跑道，可以这么做，可我还没有看见跑道。”副驾驶说：“不是在那里吗？”机长说："你给我指方向，我朝那里飞。"副驾驶说："就在前方右边。"之后，他通知塔台说："我们现在还在云中，朝机场方向过来，我们认为机场跑道在我们3点钟的方位上，还有7500米。"塔台说："如果你们看不见机场，需要地面帮助，我们愿意效劳。"

1分钟后，副驾驶说："那不是机场?"机长说："没有瞧见啊。"副驾驶说："那不是吗?"机长说："什么？在哪里？……算了，机场，请给我雷达引导。"塔台随后通知他们位于机场外5500米处。机长对副驾驶说："我看不见机场和跑道，可能没有办法目视着陆。"副驾驶通知塔台，因为前面有浓云，看不见机场和跑道。塔台立刻给出雷达引导方位，指示他们保持航向和高度。副驾驶从机上气象雷达发现飞机已经十分接近雷暴区域，他把这个情况通知给塔台，塔台引导他们从右边绕过雷暴区域，机长和副驾驶都认为这主意不错。

飞机终于对准跑道的方向并开始下降，可是，云仍然很多，经常干扰机组视线。同时，飞机不停地左右摇摆，操作起来异常困难。副驾驶提醒机长说，可能遭遇雷暴区域。机长说，是的，简直陷入了泥沼。他们努力控制飞机，但飞机反应十分迟钝，随着速度和高度的迅速减低，飞机机动性越来越差，基本上无法稳定。副驾驶嘟哝了一声："我们是不是拉起来，复飞?"机长没有听见，全神贯注地操纵飞机，在只有130米高度上，机长还说，我看不见跑道。副驾驶有些担心了，问："你说，还看不见什么?"机长又说："好，终于看见了。"飞机接着振动了一下，副驾驶说："我们已经接地。"之后，他又说："飞机在（跑道上）侧滑!"机组随即使用反推力装置、方向舵和扰流板来控制飞机侧滑。飞机稳定下来，机组停止操作后，飞机又被强风吹成侧滑，机组再次使用反推力，不过，飞机已经冲出跑道，冲破机场围栏，撞上着陆系统灯柱等建筑物，折成两截，停在荒野里。机长和10名旅客当场罹难，其余大部分人受伤，只有24人安然无恙。

机场抢险队立刻赶往现场，大雨滂沱，抢险车的司机们反映说，当时根本看不清窗外的情况，只能凭借经验和感觉驶到飞机残骸前。副驾驶左腿折断，被抬下飞机。前面的旅客自己从飞机折断处跑下飞机，后舱旅客成功地打开了上舱门，乘务员及时打开尾舱门，除了受伤后无法走动的旅客，其余人员顺利逃生。之后，抢险队员进入飞机抢救伤员，并进行内部灭火，撤离残骸现场。

事故的直接原因是机组高度疲劳，没有能够在这样恶劣的气象条件下正确决策，及时中断着陆。机长也违反了公司规定的最大着陆侧风条件。在这样的情况下，能够落地，单纯从个人技术角度说，还是相当不错的。但是，飞行安全不能依靠个人技能来保证，需要机组严格遵守规章制度。

语言不通造成的南辕北辙

对于一家大型航空公司来说，不仅是航空器材和使用存在地域性差异，包括职工和管理也有不同的地区和文化差异。这类问题说起来很简单，但是事先不容易充分认识和防范。

1999 年 8 月 22 日，台湾中华航空公司 642 航班从曼谷返回台北，在香港经停。这是一架 MD－11 客机，机上有 300 名旅客，15 名机组人员。这架飞机于 1992 年建造，已经使用了 30700 飞行小时，5800 个起落。

MD－11 客机及其模型

从周末起，香港已经预报会有“萨姆”台风登陆。香港气象局给出的预报是 8 号风球，这表示是飓风级强台风，平均速度达到每小时 117 千米。到了星期天下午，最大风力达到每小时130千米，比普通汽车行驶速度还要快。不过，642航班飞机准备着陆时，风力已经降到“热带风暴”级。

香港新机场于1998年7月建成开航，总投资达200亿美元。因为台风登陆，光是本地的航空公司即香港国泰航空公司就取消了9个起飞航班，15个到达航班。虽然本地旅客可以返回住所，但机场还积压了数千名无处可去的旅客。

香港新机场

早上6时40分，整个机场已有175个航班取消，或改航到其他机场降落。机场和航空公司正在全力以赴、焦头烂额地安顿越来越烦躁的旅客。旅客们并不知道，只要有一个航班取消、延误或者备降到其他机场，从航行管制到地面机构，所有部门都要重新安排计划。这样的重新安排计划如果是因为台风等不可抗拒因素，就特别麻烦。而且，气象变化不断，工作的反复量很大，给许多部门增加很多工作份额。

面对旅客的现场工作人员压力最大，所有柜台都被旅客围得水泄不通。旅客的抱怨也能理解，毕竟他们处于进退两难的境地。在台湾航空公司柜台前，工作人员告诉旅客说，公司已经额外准备了4架飞机，一旦天气情况好转，他们就会尽快赶过来。这个时候，642 航班已经按时到达香港机场上空。香港地面风力仍然很大，虽然有 11 个航班安全落地，但最后一个航班是早在 16 分钟前落地的。预定在 642 航班前着陆的两架飞机已经决定改航，到其他地方备降去了。

香港新机场在选址方面的一个主要难点就是无法避免恶劣的地形。一面是山，一面是海，对风特别敏感。所以，它装备了最先进的美国气象雷达和计算机高速分析处理系统，总价值 3 亿美元，在美国才安装了 40 套，香港新机场是除美国外第一家购买这样先进的气象系统，气象预报的质量还是相当高的。而且，642 航班机长向香港塔台报告说，飞机客舱已经起火，有 4 名机组人员受伤，必须在这里紧急着陆。

642 航班机长是意大利籍，58 岁；副驾驶是台湾人，36 岁。着陆前 3 分钟，副驾驶与塔台联络，塔台说明了当时的风速，刚好超过华航飞行手册上规定的安全数据。根据副驾驶的气象报告，意大利籍的机长决定着陆。飞机下来了，可是摇晃得很厉害，滚转角度也很大，达到 15 度。飞机高度只有 210 米时，塔台通知此刻阵风突然增强，超过华航飞行手册的规定。当然，在设计上，MD－11 飞机完全可以经受这样的大风，手册总是留足了安全余量。

台　风

6时45分，副驾驶发现飞机高度掉得太快，虽然没有意识到侧风已经超过公司规定的着陆标准，还是劝告机长应该放弃着陆，重新拉起来。意大利籍机长事后接受调查时表明，副驾驶是在机翼已经触地后才这么说的。总之，飞机无法保持姿态，右翼首先碰上跑道，从主起落架外侧机身处折断，整个飞机立刻向右翻滚过去，肚皮朝上，重重地扣摔在了跑道外面。还好这是新机场，许多设施都还没有建设完毕，这块空地是将来建设机库的用地。

飞机倾覆后，开始着火，正在上下其他飞机的旅客听见一声巨大的闷响。33分钟后，消防车赶到现场，进行灭火。这个时候，仍然是风雨交加。共有两位旅客身亡，101人逃出飞机，212人受伤，其中，55人进行了住院治疗。

在642航班飞机的客舱里，由于当时已经在着陆，所有的人都系着安全带，结果，他们像倒栽葱一样地吊着，有的人就这样被倒吊着几个小时，才被救下来。也许是新机场的缘故，也许是狂风暴雨的缘故，总之，救援速度相当慢，有些人还被大量的消防泡沫弄伤，引起许多旅客抱怨。逃出来的人站在外面，在大风中吹了半个多小时，也没有车来接。当车辆终于到机场后，数量又不充足，旅客由于惊恐不安，争先恐后地寻求救援，又造成一些轻微损伤，现场相当混乱。

香港机场当局就此解释说，当时需要救援的工作量相当繁重，许多旅客还被倒吊在客舱里，情况十分紧急。他们曾经要求没有受伤的旅客和机组人员等一等，让那些受伤的人和等待救援的人优先，最多也就半个小时而已，实在不应该如此牢骚满腹。而且，从救援效果说，应该在现场初步检查一下每个人的受伤情况，进行救助和分类，把最需要救助者送到最合适的医院，以免在路上耽误宝贵的时间。

与他们各执一词形成鲜明对比的是，当时飞机上有一位香港男性旅客，他是一个保险推销员。事故发生后，他没有受伤，本可立刻逃生，但他发现人们都在互相推攘逃命，很容易发生恶性事故，就放弃了逃生的机会，努力平定旅客情绪，站在破损的出口处，帮助维持秩序，其他旅客慌不择路的推撞使他身上几处被撞伤。到了地面后，他在大雨中又坚持了两个半小时，协助地面人员工作。事后香港当局找到他，要对他进行表彰，他却说，听见还有一位旅客在大声叫喊需要冷静，保持秩序。根据他的描述，当局又找到了另一位热心助人者，也是一位香港中年男性。

事后对飞行记录仪的记录分析表明，由于正、副驾驶的母语并不相同，而且两人都不是从小讲英语，都需要用外语才能交谈，所以，在协调和交流方面不够主动和自觉。随着经济的发展，人民生活水平的改善，民航运输量激增，东方国家的航空公司飞行人员资源不足。为加强飞行队伍的技术含量，只好从西方国家引进飞行员。这样的想法如果贯彻不当，让他们直接上飞机并负责日常飞行任务，隐患还是比较大的。华航 642 航班事故是这类隐患中的一个典型事件。

引进外籍机长是华航为改进飞行安全而特别筹划的重要措施。642 航班事故再次证明，飞行安全在于整体管理水平，遵守基本飞行规则，建立良好的驾驶舱交流环境。如果说机组彼此之间连基本交流能力都保证不了，这就严重违反了基本的安全原则，一切努力也只能是南辕北辙。

炫耀逞能的恶果

飞行员应该具备良好的素质，不应以自己会飞行而炫耀。下面这次飞机事故就是因为炫耀引起的。

2002 年 7 月 27 日是星期六，乌克兰短暂的夏季已经接近尾声，大型户外活动的好日子又要结束了。这一天，该市最大的娱乐活动应该是乌克兰空军在驻地即利沃夫郊外的辛格利夫机场举行的飞行表演了。预定参加表演的有苏－27 和米格－29 等乌克兰空军最先进的战斗机，还有滑翔机和空中跳伞等助兴活动。虽然乌克兰经常进行这类表演，但仍然吸引了许多群众，不少人带着正在放暑假的孩子来看表演，现场观众达到上万人。而且，这次表演一是为了纪念打败德国法西斯的城市解放日，二是庆祝空军第 14 军成立 60 周年。该部队成立于 1942 年，在卫国战争中共击毁敌机一千余架，功名赫赫，是苏联当时最著名的空军王牌部队之一。

人们来到机场，自由参观停放在机场里的各种飞机，拍照留念，在场地旁临时设立的彩色帐篷售货摊上买些冰镇饮料，情侣们互相依偎，不失时机地谈情说爱。接着，表演开始，按照惯例，最先出场的是运输机和空降兵。空降兵们在跳伞的同时，在空中拉出彩色的烟，如同道道彩虹，绚丽多姿。之后是运动飞机做特技飞行表演，令人目不暇接。苏－27超声速战斗机被安排在后面出场，以逐渐增加惊险刺激的程度，使表演进入高潮。

苏－27战斗机由乌克兰王牌飞行员驾驶。一位是一级试飞员，飞行了1900小时；另一位也是一级飞行员，飞行了2000小时。苏－27飞机是从低空出场的，引起观众的热烈欢呼。它以非常低的高度穿越观众上空，令人窒息。然后，飞机迅速拉高，翻滚。突然，它似乎静止，紧接着，径直下冲，掠过树丛，几乎就是贴着地面快速飞行。人们还以为这是飞行表演的组成部分，甚至还没有听见一声响声，飞机就擦过附近一架伊尔－76大型军用运输机前部，把它的机头撞得粉碎，而自己的机翼与地面摩擦，带起一连串尘土。

苏－27和米格－29

一位少年正在为飞机拍照，突然发现飞机冲了过来，便本能地趴在地上。飞机从他头上过去，草土飞扬。等他睁开眼一看，立刻惊呆了：他的周围都是人们的尸体。他忽然明白，那些迟一些卧倒的人，没有一个活下来的，被飞机像割草机割草一样纷纷割断。刚刚还在欢声笑语的人们，一刹那间，变成了半截子身体，有的只有两条腿，根本无法辨认。鲜血汩汩地从这些截断的人体流淌出来，到处都是鲜血、截断的人体和其他碎片，简直就是一个巨大的屠宰场。这个时候，飞机已经变成一团翻滚的火球，扑向观众区。人群当中，立刻冒出滚滚浓烟，然后就是熊熊烈火。

在短暂的震惊后，人们从呆怔中恢复过来，顿时陷入严重的混乱状态。许多人并不知道大祸已经结束，还有许多人实际上并没有明白过来究竟出了什么事。他们只能四下乱跑，互相拥挤和推攘，地上到处都是挤丢的鞋子、书报等物品，惊叫声、哭喊声和呻吟声混成一片。

军人和警察努力封锁现场，防止人们进入出事地点。但是与子女失散了的家长不顾这些，一边呼叫孩子的名字，一边不顾一切地往里冲，与手拉手封锁现场的军警发生了冲突。军警也非常同情家长此刻的心情。家长们冲过了封锁线，疯狂地跑来跑去，在满地的尸首、残破的肢体和鲜血里寻找自己的孩子。救护车赶到现场，努力抢救伤员。活下来的人并不感觉庆幸。一位青年和同伴一起来看表演，可同伴全部罹难。他看着躺在草地上的好朋友，心里在发愁，怎么向他们的家长交代啊……

据现场统计，这场事故当场造成83人罹难，其中有儿童19人。在116名受伤人员中，有66人被送进医院接受急救，其中23人生命垂危。因此，这次失误酿成了当前为止世界上最惨重的航展空难事故。在各家医院的走廊里，挤满了焦急地寻找失踪儿女的父母，数百名事故罹难者家属怀着万分悲痛的心情，等待法医的遗体鉴定结果。许多遗体被飞机爆炸的金属碎片肢解，给身份辨认工作带来极大困难。

苏－27是原苏联苏霍伊设计局研制的单座双发全天候空中优势重型战斗机。主要任务是国土防空、护航和海上巡逻等。北约组织给予它的绰号是“侧卫”。该机于1969年研制，1977年首飞，1979年批量生产。1989年，在法国巴黎航展上首次公开亮相。该机基本上沿袭了美国优秀战机F－15的式样，也采用翼身融合体概念，悬臂式单翼，翼根外弧形外缘边翼，双垂尾。该机以完成“普加乔夫眼镜蛇”机动动作一举成名。在此之前，1987年9月，挪威派出一架P－3B反潜巡逻机，靠近苏联海岸飞行。苏联国土防空军派出苏－27升空拦截，挪威飞机一见苏机离开，又恢复原状，继续贴苏联海岸线飞行。苏－27因此返回，但P－3B仍然不肯离开。于是苏－27竟从P－

3B 机身下方穿过，用垂尾将 P－3B 的 4 号发动机舱割开，使之立刻停车。P－3B 知道了厉害，仓皇逃离。不过，苏－27 被用于出风头，屡屡肇事，最丢脸的一次是在巴黎，这个苏联急于炫耀而坠落图－144 超声速运输机的地方。当前，苏－27 主要用于出口。

苏－27 和 P－3B

乌克兰总统立刻中断休假，赶往利维夫。他说，这是一起无法用语言形容的可怕悲剧，真像一场噩梦，相关责任人必须受到法律制裁。次日，乌克兰总检察院认为，乌克兰空军在飞行训练及本次飞行表演的组织工作中都存在严重疏漏。乌克兰空军总司令和 14 军司令涉嫌触犯乌刑法“因玩忽职守导致严重后果”条例，14 军副司令及其助理涉嫌触犯刑法“违反航空器使用规定并造成灾难和其他严重后果”等条例，可判处 5～15 年有期徒刑。上述 4 人随即被检察院拘留。

乌克兰空军其他高级官员认为，表演现场应该留有必要的安全空域，避免发生重大伤害事故。从播放的电视画面来看，事故主要负责人应该是航空表演的组织者。按照乌克兰规定，进行特技表演时，飞行高度不低于 400 米，表演区和观众区的距离不少于 300 米，禁止在观众头顶上低空飞行。乌克兰空军总司令在法庭调查时已经表态说，飞行员在飞行时违反了规定。总统前军事顾问在电视上公开指责说，飞行员与其说是失误，不如说是在逞能。国防部长于 2002 年 7 月 28 日向总统递交辞呈，他是顶替大半年前因导弹误射俄罗斯客机而辞职的前任国防部长的。没想到，不到一年，乌克兰空军再次遭受重大打击。

乌克兰总统签署命令，宣布29日为全国哀悼日。这一天，乌克兰全国各地降半旗，机关团体门前悬挂的国旗顶端还加系了黑纱带。最主要的街道也相当安静，不得不外出的行人也表情严肃。这个时候，最繁忙的地方要算教堂了，全国各地的教堂都在举行哀悼仪式，里面挤满了前来祈祷的群众。人们还纷纷赶到坠机现场，点燃蜡烛，布置鲜花和花圈，寄托哀思。

为避免悲剧再次发生，总统在同一天签署总统令，禁止今后使用军用飞机或其他武器装备进行娱乐活动。政府还拨出专款，救助罹难者亲友料理后事。全国百姓和军人赶到当地医院和采血站献血。由于献血者太多，甚至需要通宵排队等候。

两位飞行员在飞机坠毁前一刹那成功弹射，死里逃生。他们是自己走出坠毁地点的，看起来没有受到严重伤害。他们表示是在毫无办法的情况下才决定弃机弹射的。这个决定十分及时，表现出他们精湛的飞行素养，只是，他们换取自己生命的代价过于沉重。

2002年8月1日，乌总统宣布，不接受国防部长辞呈，建议其继续履行职责。国防部长随即向全国人民道歉，表示将制定一套军事训练和表演的规定，以防悲剧再次重演。

令人震惊的洛克比空难

俗话说“冤冤相报何时了”，而有时一心念念不忘想报复，往往低估了要付出的代价。1988年12月21日，又是一个圣诞节前夕，美国泛美航空公司已经进入节前最繁忙的运输飞行阶段。可是，这一天，却是公司永远的噩梦刚刚开始，并最终使这家美国著名航空公司走向彻底灭亡。

早在两周前，美国驻芬兰赫尔辛基大使馆收到一个威胁电话通知说，他们将炸毁德国法兰克福与美国之间的美国航空公司的一个航班飞机。赫尔辛基是芬兰首都及最大城市，位于该国南方，濒临芬兰湾，由瑞典国王古斯塔夫斯一世于1550年创建，1640年迁到现在的地址。1809年，赫尔辛基随芬兰一道落入俄国统治之下，1812 年成为芬兰首都。1917 年，芬兰宣布独立后，基本保持安定状态。但是，由于这个小国家与周围邻国和平共处，出入十分方便，这样的电话，无法有效追踪其来源。

美国联邦航空局为此发布了大众旅行通知，希望他们考虑或修改自己的旅程。可是，美国人经常接到针对大众旅行安全的通知，而且，这样泛泛的“安全须知”也解决不了任何实际问题，人们还是需要旅行和工作，不可能因为这样的通知就停顿下来。对于恐怖分子来说，这可不是泛泛而谈，他们已经选定了目标，那个电话也不是声东击西。当然，他们的目标就是从伦敦起飞的泛美 103 航班。

整个计划还是相当周密的。恐怖分子虽然事先发出了威胁，但为了避免暴露计划，又能够最大程度地引起公众关注，对今后的电话威胁不得不信，他们采取了与印度航空公司 182 航班爆炸案同类的手法。泛美 103 航班不是直接从法兰克福机场始发，而是衔接了一个从那里过来的波音 727 航班。在这个航班上，只有 49 名旅客搭乘泛美 103 航班，前往美国。他们的行李在法兰克福机场已经检查过，在伦敦中转时，就不需要再次安全检查了。

泛美 103 航班已经有 194 名旅客和 16 名机组成员，加上这 49 位中转旅客，这架波音 747 一共有 259 人。一个半小时后，飞机从伦敦希思罗国际机场起飞，返回美国纽约。40 分钟后，飞机已经进入正常的巡航高度，沿着 320 度航向平稳飞行。天色已经完全暗了，只有天边还有一点点光泽。不料，

洛克比空难

飞机前货舱左部突然发生强烈爆炸，当场炸毁了飞机。飞机残骸从高空飘落下来，物品和旅客遗体散落在一个非常宽广的范围，最大的一块残骸是一部分机翼和一段中央机身，坠落到洛克比郊区的舍伍德科瑞森特，还在地上砸出一个面积约 50 平方米、深度 10 米左右的大坑，并激烈燃烧。飞机上 259 人和地面 11 人同时罹难，数十间建筑被毁。

当晚，全世界就被这场惨剧震惊了。特别是相关国家的舆论界，通宵达旦，连篇累牍地报道，次日的报纸头版上，也充满了有关文章。不过，人们没有预料到，这会是持续最久的民航恐怖案的新闻题材。

一个星期后，英国当局宣布可以肯定飞机失事原因是炸弹爆炸。在现场已经找到一种叫做塞姆汀的塑胶炸药成分，这是一种高能炸药成分。进一步检查发现，这个炸弹是安放在一台当时刚刚开始流行起来的便携式收录机里面的。这个收录机作为散件行李放在前货舱里。

爆炸分为两次。第一次炸开了容纳行李的集装箱，使飞机结构和附近蒙皮变形，接着就是第二次。第一次爆炸后的气体没有办法释放出去，在这个密闭的空间里形成了再次爆炸，把飞机蒙皮炸出了一个大洞，碎片飞扬，飞机附近部位和发动机都被炸坏了。

这个大洞有 1.5 米宽 5 米长，位于主翼前端，同时造成主地板损坏。3 秒钟后，飞机前半部彻底解体，掉了下去。飞机失去了机头，激烈摆动起来，翻滚着下坠。大约在 5800 米高度上时，飞机半截机身已经完全呈垂直俯冲状态，像竹筒倒豆子那样，把飞机里的物品和人甩了出来，从高空四下抛散。飞机的 4 台发动机在空中就与飞机分离了，后机身由于垂直撞地，像个被砸扁的铁皮罐。一部分机身砸进了夜晚的民宅，机头连同驾驶舱掉在 4 千米开外的山坡上，由于当时强大的西风，轻小的物品和人员遗体沿途散落，长达 130 多千米，惨不忍睹。

失事飞机所属国美国、失事现场所在地英国和其他有关国家形成了联合调查组，对可能的肇事方进行分析和追踪。基本论点认为，这是由伊朗提供资助的“人民战线基地组织”进行的，这个组织的基地位于利比亚境内。

当时，利比亚是反美强硬国家之一，自然成为西方社会的众矢之的。两年半后，英美联合调查组认定利比亚政府应该对此负责。虽然利比亚政府始终否认，但是，英美联合调查组有计划地一步步公布证据，彻底把对方置于被动地位，利比亚政府这才发现，自己有些顶不住了。

起初，英国警方公布的消息说，怀疑这起事件由叙利亚人支持的恐怖组织所为。之后，从利比亚阿拉伯航空公司标签残片中找出了利比亚涉嫌这宗案件的蛛丝马迹。这些残片表明，那只装有炸弹的手提箱先由马耳他航空公司从马耳他的瓦莱塔运至法兰克福，然后转到泛美航空公司103航班上。接着，美国公布了一条消息：就在爆炸的第二天夜晚，美国监听卫星截获了从利比亚的黎波里发往柏林一家利比亚机构的无线电消息，消息称“任务已经完成”。

利比亚政府当然继续对这些指控统统予以否认，努力洗刷恐怖分子就在自己国家的国际形象。可是，美国不断加紧对恐怖分子的打击力度，不仅对利比亚进行了全面制裁，而且，多次鼓动联合国通过各种反恐怖声明、宣言和其他针对利比亚政府的制裁活动，达到了这笔账年年算、天天算的地步。同时，美国利用它的强大优势，通缉要犯，美国联邦调查局的《全美十大要犯通缉榜》上，有关嫌疑人一直在榜，悬赏金额逐渐加码，直到超过千万美金。包括好莱坞所有的动作大片，都直接以利比亚人或中东人为恐怖分子对象。随着这些大片在全世界的流行，利比亚的国家形象受到了严重损害。后来，不少阿拉伯国家也在暗自流传这种电影录像带了。

时机渐渐成熟了，美国加紧了威胁利比亚的步伐。1991年11月，美国司法部点名指出两名嫌疑分子，要求利比亚政府引渡他们。这是直接向利比亚政府摊出的第一张底牌。同时，罹难者家属要求赔偿的经济案件也上升到国家之间的高度。利比亚起初还否认，后来又宣布绝对不能向美国妥协，坚决不交人，更不能让美国人借着反恐怖的名义，登堂入室。

1992年1月21日，联合国安理会要求利比亚政府交出嫌疑分子。1992年4月15日，联合国安理会对利比亚实行武器禁运，并禁止利比亚的航空旅行。利比亚继续执行坚决反美政策，只是，步履越来越沉重。鼓破万人捶，阿拉伯国家纷纷改变了当初的同情立场。

1999 年 4 月 5 日，利比亚政府终于交出了这两名嫌疑人，他们都是利比亚籍。当然，是以志愿“自首”的名义交付给荷兰，接受特别法庭依照苏格兰法律进行审判。

2000 年 5 月 3 日，审判正式开始，数百名罹难者亲友赶往荷兰旁听审判，一千多名证人出庭作证。一位瑞士商人称他卖给利比亚 20 个电子定时器，正是其中一位嫌疑人代表利比亚情报局进行谈判的。一位马耳他服装老板说，事情发生前夕，一名酷似嫌疑人的男子买了衣服和一把伞。在飞机爆炸现场中找到了这些物品的碎片。

政府释放洛克比空难疑犯

2000 年 11 月，嫌疑人承认制造了 1985 年丹麦犹太教堂爆炸事件，但否认参与制造洛克比空难。特别法庭表示终结案件。

利比亚政府虽然已经吃亏，可英美两国仍然不肯放过利比亚，他们分别声称，判刑一两名罪犯不足以立即解除对利比亚的制裁，还需要利比亚政府承担全部责任，包括全部经济赔偿。至此，以联合国名义进行的经济制裁已经长达 10 年。

2003 年 8 月 15 日，利比亚政府致函联合国安理会，正式宣布对洛克比空难事件负责，并要求联合国立即解除对其长达 11 年的一系列制裁措施。信函中说，根据安理会有关决议，利比亚为涉嫌制造洛克比空难的两位嫌疑人接受法律制裁提供了便利，并愿为他们的行为承担责任。此外，利比亚已与美英两国就向遇难者家属提供赔偿事宜达成了协议，准备向 270 名遇难者家属提供总额为27亿美元的赔偿。同时，利比亚政府还承诺在国际反恐斗争中提供合作。英国常驻联合国代表证实，美英分别向安理会提交信函，证明利比亚已满足解除联合国对其实施制裁条件。但有报道称，法国表示，除非利比亚增加对1989年一架法国联合航空运输公司客机爆炸事件的赔偿额度，否则法国将在联合国安理会行使否决权。

2009年08月20日，苏格兰司法部门宣布，出于同情原因，释放因制造洛克比空难而在英国服刑的唯一罪犯、身患前列腺癌的利比亚特工迈格拉希。这标志着轰动一时、旷日持久的洛克比空难一案最终了结。

机上惊魂——劫机

JISHANG JINGHUN JIEJI

劫机（Hijack），即以武器或威胁等暴力手段劫持飞机的行为。另外“Hijack”一词泛指对船舶、汽车等交通工具的占领劫持。

“Hijack”一词据说源于劫车大盗抢劫前假装成搭便车的路人，拦车前先假装友好，跟司机打招呼时说“Hi，Jack!”，后引申为劫持飞机、汽车等。

自1931年南美洲秘鲁发生世界上第一起劫机事件以来，1940年代后期至1950年代后期，社会主义国家逃往资本主义国家的政治逃亡性质劫机事件多有发生。19世纪60年代后期至19世纪80年代前期，巴勒斯坦人民解放战线（PFLP）、日本赤军、德国赤军（BAF）等极左激进派组织了多起劫机事件。近年来著名劫机事件有盖达组织策划实施的“911恐怖袭击事件”。

各国为应付这种情况，完善了机场保安系统，并创立了处理劫机事件的特种部队。19世纪80年代至19世纪90年代劫机事件相对有所减少，但是2001年9月11日美国发生的“9·11”恐怖袭击事件，使得防止劫机再次成为世界性课题。

“澳门小姐”号劫机事件

1948 年 7 月，亚洲发生第一次劫机事件，一架国泰航空公司的飞机由澳门飞往香港，被 4 名乘客劫持，驾驶员和副驾驶员被杀，飞机坠毁在海中，25 人死亡。而飞机上唯一的幸存者也是劫机者之一的黄裕在收监几个月后，竟被无罪释放了，这究竟是怎么一回事呢？

在整个民国时期，澳门由于其独特的地理位置和国际地位，成为内地向海外偷运和走私黄金的中心和中转站。不少军阀、政要、富商乃至抗战时的敌伪汉奸，都曾以广州—澳门—香港为线路，转入或转出黄金财产。澳门葡籍大亨罗保与华人富豪梁昌瞄准这一生财之道，于 1948 年 4 月合资兴办澳门航空运输有限公司，开设了澳港两地航班，专供有钱人携钱带金。开业时，还邀请了澳门总督柯维纳主持该公司唯一航机“澳门小姐”号的命名礼。这条航线全程仅 20 分钟。澳门当时没有陆地机场，所以选用水陆两栖型飞机。4 月 9 号，“澳门小姐”号开通，搭乘航班的都是些西装革履的富商豪客或是珠光宝气的阔太小姐，很快这条航线便被人们称作“黄金航线”，一些贼人也开始盯上了这趟飞机。

1948 年 7 月 17 日，渔民冯万有一如往日，在九洲洋距澳门约四海里处撒网捕鱼。下午 6 时半左右，他正在收拾渔获准备返回港口，忽然，听到天上传来隆隆的飞机声，冯万有早已习以为常了，因为最近几个月来，一到渔船

“澳门小姐”号坠落在水面

返航时刻，从澳门起飞的“澳门小姐”号定会准时穿越渔区上空。不过这次冯万有却感到有些不对劲，因为飞机飞得歪歪扭扭、忽高忽低并偏离了航线。突然，就在前方不远处，飞机竟一头栽入大海。目瞪口呆的冯万有连忙把渔船驶过去。他发现水面上有一人紧搂着木块，在海波中起伏漂浮。当时，落水者已陷于半昏迷状态。冯万有将其救起后，发现他的一条腿已折断，全身还有多处受伤。见周围已没有生还者了，冯万有便驾船赶紧将受伤者送往岸上医院。

正在接受救治的重伤员，正是该趟航班唯一的幸存者，也是唯一能解开坠机真相的见证人。于是，澳门警方在病榻旁对这个自称黄裕，约三十五六岁的伤者进行盘问。黄裕说，飞机在飞临九洲洋附近时，突然发生爆炸，机上乘客都被震晕了，自己也失去知觉，不知自己是怎样被送入医院的。他还说，以前自己在乡间务农，近年转往澳门找工作，但一直没找到。后有朋友介绍自己赴香港找工作，机票也是朋友送的。

但当警方问他到香港将在何处落脚和工作，送票的朋友又是何人时，黄裕便回答得支支吾吾，甚至牛头不对马嘴。警方见状，即将其转送到澳门警察医院做监护治疗，以防线索丢失。

经过分析，警方发现此次坠机事故疑点极多。“澳门小姐”号为四引擎新式水陆两用机，设计严密，安全系数很高，即使两套引擎同时失灵，也可滑翔至海面，不可能出现俯冲坠毁的结局。而目击飞机失事的渔民还说听到几声类似枪响的声音。更怪异的是，黄裕遇救时居然穿着救生衣，明显是早有准备。于是，港澳双方遂合力打捞坠海客机，以便获取全面线索。

第3天傍晚，“澳门小姐”号的残骸终被捞起，部分遇难者的遗体也同时出水。经多位刑侦专家仔细验尸勘查，发现一名美国乘客被子弹洞穿左胸，副机长麦都夫被子弹打穿后颈，一名中国乘客赵昌则被钝器击裂后脑。警方还发现飞机内壁留有数道清晰的弹痕和几个弹孔，而且弹孔金属外翻，是从内朝外的枪击所致。在机舱内，警方还找到弹壳两枚及一颗未发射的子弹。显然，飞机失事前机舱内曾发生过惊人的搏斗和射击。警方通过追查乘客的背景，发现他们大多来自上流社会，唯独3名姓赵的中国人和生还者黄裕背景不明。一名叫赵三才的中国乘客，穿着西服却腰缠黑绸带，珠三角“大天二”（注：地痞、恶霸）的打扮，加之新皮鞋的后跟是空心的，十分可疑。

警方通过售票记录查得，赵三才、黄裕以及另外两名死者赵一明、赵昌的机票是同一时间购买的，四人均来自中山县第八区（即斗门县）。一周之前，四人也曾买过同一航班的机票，后来不知何故，由一名妇女前来退票。进一步调查又发现，黄裕原名黄关裕，他和另外三人在家乡均非善男信女，早有鸡鸣狗盗之劣迹。其中，赵一明是归侨，曾在菲律宾学过飞行技术，二战期间当过飞行员，有赌博恶习；黄裕则有持枪历史。

为了将案件查清，澳门警方通过媒体发出假消息，称航空公司将会对空难死者家属作出巨额赔偿，请亲属速来认尸及登记，如亲属不在澳门，可以找朋友代为办理，以便引诱劫机犯同伙上钩。警方还将有嫌疑的赵一明等3人的尸体照片和名字公布，但迟迟没见他们的亲属前来认领，反倒有个女人多次到医院打听黄裕的情况。

于是，警方安排一名线人，装作被警察打伤的“烂仔”（注：方言，流氓），脸上涂上猪血，住进了黄裕的病房。线人满口江湖黑话，很快被黄裕认为是“难兄难弟”。不久，那名女人又来打听情况，警方故意让其与黄裕随意会面。由于他们相信住在同一病房的线人是自己的同道，终于有一天，女人低声问黄裕：“怎么把事情弄成这样子？”黄裕便一五一十讲述了经过，而这一切，都被线人一字不漏地听到了。

该名妇女姓赵，是个寡妇，乡人称其赵二妹，是赵一明同村老乡，一周前帮黄裕等人退机票的就是她。警方急赴赵二妹在澳门的居所，搜出物证黑色绸纱腰带一条，此物专为腰间插放手枪之用，与机上死者的相同。随后，警方再次审讯黄裕。

审讯时，警员拿出一张当天的“香港报纸”（假造的），指着其上的新闻对黄裕说：“赵一明等三人获救后已在香港招认了，说你是劫机主谋！”然后，根据从“病友”探得的情况及赵二妹的口供，将劫机过程说得头头是道。黄裕猛地在床上撑起身子，大喊：“不关我事！”说劫机行动全是赵一明等人策划的，并供出了劫机详情。

原来，黄裕等人认为在乡下捞不出名堂，便瞄准了“澳门小姐”号。1948 年 7 月 11 日，4 人窜到澳门，购买了当日的机票，谁料天公不作美，风雨交加使不少乘客退了票，4 人觉得此次航班油水不足，遂托赵二妹退了票，再等时机。

7 月 17 日，4 人乔装打扮，西装革履地登机了。其中 3 人分别将 3 支左轮手枪用黑绸纱带绑在大腿内侧，子弹则由赵三才藏于挖空的鞋后跟内。当时，人们还未听过有劫机事件，机场保安措施自然没有这么严密，随意查一查就让他们登机了。

飞机升空后，赵一明、赵昌持枪踢开舱门闯入驾驶室，赵一明用英文命令外籍机师让座，准备把飞机劫持到中山平塘湾的沙洲芦苇荡着陆，再行逐个搜身劫财。但机长嘉拉马不肯就范，相持不下之时，客舱内又传来打斗声。原来，一位美国乘客不惧匪焰，一手架住赵三才拿枪的手，猛然给了他一记下勾拳。赵一明和赵昌回身朝美国乘客举枪就射，并喝令所有乘客举手。

见状，机长嘉拉马立即拉动操纵杆，故意让飞机翻侧，以晃倒劫匪。副机师麦都夫则抄起身边扳手猛击赵昌后脑。见赵昌倒地，赵一明回头连开几枪，击中两名机师，飞机失控，终于向下直冲九洲洋。在机尾负责指挥的黄裕在飞机左右摇晃之际，顺手抓到一件救生衣套在身上。也算他命大，居然被摔出机外而幸免一死。

此前，全球从没有发生过劫机案，因此，1948 年 7 月 21 日澳门警方对外透露可能是劫机引致空难时，遭到省港澳媒体的普遍质疑。最终，当事件真相水落石出后，中外舆论哗然。各地报纸在报道此事时纷纷冠以“世界奇闻震远东”、“古今未有之空难”等标题。然而，令人不解的是，唯一幸存的“案犯”黄裕在收监几个月之后，竟被“无罪”开释了。

对于其中的原因，内部传闻说，如果黄裕死不认罪，飞机就属于自然坠毁，保险公司就得付出巨额赔偿金，于是，保险公司买通了黄裕和有关人士，让黄裕招供为劫机案，但与自己无关。这样，黄裕既可免罪，保险公司也无需赔偿。

黄裕获释后返回中山老家，腿伤经治疗逐渐康复。解放初，他因再度作奸犯科坐了 4 年牢，死于 1968 年。

知识点

水陆两用飞机

水陆两用飞机就是既能在水上起飞和降落，又能在陆上机场起飞和降落的飞机，又称两栖飞机。水陆两用飞机的船身或浮筒上装有供陆上起飞着陆用的起落架。它与水上飞机的上、下水装置不同，能经受着陆时的巨大撞击力并吸收撞击能量。水陆两用飞机的起落架是可收可放的，在水上起飞降落时起落架处于收上的位置。如今水陆两用飞机可能在航空制造业中最具发展前景。

“淀”号劫机案

作为日本发生的第一起民航劫机事件，“淀号劫机事件”是日本战后史上的一个重大事件，这次由日本红色势力策划的劫机事件在世界范围内引起了巨大的反响。

要了解“淀号劫机事件”的来龙去脉，首先要从二战后的日本赤军组织说起。日本的赤军组织起源得从20世纪60年代的日本学生运动说起。当时，一些激进的学生团体站在民主运动的前列，他们反对议会道路，主张激进的革命斗争。赤军组织就是新左派中极左的一支。

1969年5月，盐见孝也、田宫高麿等激进派组成了“共产主义者同盟赤军派”。该派的议长为京都大学的盐见孝也，其“政治局成员”包括军事委员长田宫高麿等7人，中央委员24人，包括重信房子、山田孝等。此外还有普通成员400多人。这些成员主要以京都大学、立命馆大学、同志社大学的学生为中心，还包括90余名高中生。

当时，田宫高麿等人认为，“不能只在日本国内进行革命，应该改造社会主义各国，作为日本革命的基地，也作为世界革命的国际基地。先在社会主义国家做好武装斗争的准备后，再重新登陆日本”。所以他们劫机飞往朝鲜，因为他们认为，朝鲜是地理距离最近的“和帝国主义有敌对关系的国家”，是

“敌人的敌人”，是“最近的反美国家”。

1970年3月31日上午，以田宫高麿为首的9名“赤军派”成员登上了从东京羽田机场飞往板付机场（现在的福冈机场）的日航351次航班。7时33分（东京时间），当飞机飞到富士山上空时，田宫等人手持日本刀、炸弹等武器实施劫机计划。当时机上有乘务人员7名、乘客122名，这129人被当做了人质。当时被劫持的是被称为“淀”号的波音727喷气式客机，此事也被称为“淀号劫机事件”。

“赤军”头目在朝鲜接受采访

劫机者把机上的男乘客赶到靠窗一侧，再用携带的绳索将他们捆绑起来。一部分劫机者冲入驾驶室，控制了飞行员相原利夫，命令机长石田真二和副驾驶江崎悌一将飞机开往平壤。机长以这架飞机飞的是国内航线，去朝鲜燃料不足为由，要求给飞机“加油”。劫机者表示同意。8时59分，飞机飞抵板付机场，日本警察和自卫队试图采取一些措施使飞机滞留机场，但这些活动反而刺激了劫机者，他们要求飞机起飞。在这种情况下，机长以同意再次起飞为条件，说服劫机者释放部分人质。13时35分，包括病人、妇女、儿童、老人在内的23名人质获释。13时59分，飞机再次起飞，飞往朝鲜方向。

“淀”号沿朝鲜半岛东侧向北飞，到14时40分，航向向西变更。这时，在“淀”号的右侧出现了一架隐藏了国籍的战斗机。战斗机的驾驶员示意机长降落，然后飞走了。（也有一说是并没有隐藏国籍，出现的是带有韩国空军

人质被放

标志的战斗机。）“淀”号越过了北纬38度线，但由于朝鲜南北停战线与三八线并不完全吻合，实际上“淀”号还在韩国领空内，副驾驶认为已进入朝鲜，用英语向指定波段呼叫，但没回应。

之后不久，飞机接收到了“这里是平壤，进入导航”的无线电信号，指示将波段从121.5兆赫切换至134.1兆赫。飞机在引导下向左回转，再次越过北纬38度线南下。这是韩国当局为阻止飞机飞往朝鲜而采取的蒙蔽劫机者的行动。因为劫机者中没有人懂朝语和英语，因此毫不怀疑。15时16分，“淀”号在所谓的“平壤国际机场”着陆。实际上这个机场是位于韩国汉城近郊的金浦国际机场，韩国事先做了一些伪装工作，让他们的士兵身穿朝鲜军服，还有一些女兵高举着“欢迎来到平壤”的标语牌。

但劫机者中有人发现了金浦国际机场内停留的美国飞机，从而觉察出了异状。（关于劫机者如何发现漏洞，说法至今不一，例如有“航空燃料桶的商标”“劫机人员打开收音机，里面传出美国音乐”“发现乘吉普的黑人士兵”等各种说法。）

为弄清真相，劫机者问靠近机身的男子：“这是平壤吗？”男子回答：“是平壤。”劫机者进而追问朝鲜的五年计划是什么，被问者答不上来。劫机者进一步要求他们拿出大幅的金日成领袖的照片，韩国作为朝鲜的敌国当然没有这些照片，由此劫机者确信这些是伪装。于是，劫机者要求立即起飞，但由于再启动已停止的引擎需要辅助的发动机等，韩国当局拒绝配合，这样一来，双方陷入僵局。4 月 1 日凌晨，日本运输政务次官山村新治郎抵达金浦国际机场，在韩国相关官员的协助下与劫机者进行交涉。

“淀”号的副驾驶员将劫机者人数、位置、武器等状况写在纸杯上从舷窗扔下，掌握了劫机者大致状况的韩国当局准备用特种部队强行解救人质，但日本政府拒绝此建议。日本政府通过苏联及国际红十字会向朝鲜政府求援，希望在“淀”号到达朝鲜时能保护人质。对此朝鲜当局回复说：“基于人道主义，如果‘淀’号飞到朝鲜境内，会直接送返乘务人员及乘客。”

1970 年 4 月 3 日，日本运输政务次官山村新治郎决定代替乘客做人质，经过一番交涉，劫机者释放了剩余乘客以及 4 名空姐。下午 6 时 5 分，飞机再次起飞，越过北纬 38 度线进入朝鲜领空。机长在这个时候也没有拿到一份真正的地图，进入朝鲜领空后没有无线导航以及朝鲜空军的引导，只能大致朝平壤国际机场方向飞行。由于时近傍晚，机长只能凭肉眼辨别出一条小的航道，下午 7 时 21 分飞机着陆。实际上当时降落的并不是平壤国际机场，而是朝鲜战争时使用过的美林机场。

飞机着陆后，朝鲜方面要求劫机者解除武装，劫机者放下武器来到机外。后来，人们发现，他们使用的日本刀、手枪、炸弹等武器全是道具或仿制品。

1970 年 4 月 4 日，朝鲜发表声明“从人道主义的观点出发返还机体及乘务人员”，此后，3 名乘务人员及山村新治郎回国。对于劫机者，朝鲜以继续进行必要的调查为由，允许他们滞留朝鲜，这事暂告一段。日本暨此教训，设立了《劫机防止法》。

这 9 名参与劫机的“赤军派”成员是：田宫高麿、田中义三、小西隆裕、鱼本公博、吉田金太郎、冈本武、若林盛亮、赤木志郎、柴田泰弘。他们到朝鲜本来是为了说服金日成将朝鲜作为国际根据地，但到朝鲜后，据日本媒体称，他们“接受了朝鲜主体思想的洗脑，为金日成工作”，后来在朝鲜结婚生子。他们的妻子都是日本国内的“主体思想研究会”的女会员，双方先取得联络，征得她们的同意后，再让她们以出国旅游等名义秘密到朝鲜。成员之一冈本武到朝鲜后，因为在活动方针上与其他成员相对立，被作为政治犯隔离在强制收容所，后来朝鲜宣布冈本武夫妇在1988年因沙土塌方死亡，就冈本的死因日本方面曾提出异议。

参与劫机的9人中，现在还留在朝鲜的是小西、赤木、鱼本、若林4人。1988年5月，使用非法手段取得护照并潜伏在日本的柴田泰弘被逮捕。2000年，田中义三被日本从海外引渡并逮捕。田宫、冈本、吉田3人已在朝鲜死亡，朝鲜宣布田宫和吉田是病死。

从2001年开始，多名原“赤军派”成员的子女、妻子先后回到日本。2004年回国的两名“赤军派”成员的妻子，在下飞机后被日本警方以涉嫌违反护照法逮捕，他们回国的进程暂时中断。由于日本将引渡“赤军派”成员回国作为日朝关系正常化的前提之一，朝鲜中央广播2004年7月称，“赤军派”成员希望能回到日本，朝鲜方面认为这是日本的内部事务，允许他们回国。2004年8月，日朝双方开始就移交尚在朝鲜的4名日本“赤军派”劫机人员举行会谈。2009年6月11日~12日在北京举行的朝日关系正常化工作组会议上，朝方表示愿意就1970年“淀”号客机劫机者——“赤军派”成员的引渡问题提供合作；日本则表示愿意解除部分对朝经济制裁。

知识点

波音727

波音727是美国波音公司研制的三发（动机）中短程民用客机。波音727是波音公司继波音707后的第二种喷气式客机。在机身尾部装备3台喷气式发动机（类似英国三叉戟客机的设计）。波音727主要用于中短程内陆航线，1963年试飞，乘客量为145人（经济、商务两级）或189人（一级）。

神秘的劫机案

这个故事发生在1971年11月24日，感恩节的前夜。这天，一名男子来到俄勒冈州的波特兰机场，买了一张美国西北航空公司飞往西雅图的机票，航班号是305。据那趟航班当值的空姐回忆，此人嘴唇很薄，前额较宽，有些谢顶。他登记的名字是丹·库珀。他坐在最后一排座椅上，点上一支烟，要了一杯波旁威士忌和苏打水。起飞后不久，他就递给空姐佛罗伦斯·沙夫娜一张纸条。

23岁的沙夫娜是个性感可爱的姑娘，她已经对男乘客向自己献殷勤习以为常了。她看都没看就把纸条扔进口袋里。但那位男士执意让她看一看，“小姐，你最好看看那张纸条。我这儿有个炸弹。”她打量了一下那个男人，随后打开纸条，上面写道：“我的公文包里有一个炸弹，我想让你坐在我身边。”沙夫娜照办了。接着他提出了下一步要求：“今天下午5点前你们要给我准备好20万美元现金，把钱放在一个背包里；再给我准备两副前降落伞，两副后降落伞；着陆后飞机得重新加油。这不是开玩笑，我是认真的！”

虽然突发事件的严重性让沙夫娜心惊肉跳，但让她感到更吃惊的却是自己没有丝毫恐惧。这名男子不像为了钱财铤而走险的亡命之徒，也不是那些叫嚣着非要把飞机劫持到古巴的狂热分子，相反，他更像是一个彬彬有礼的绅士。他拿出20美元为自己的酒水付账，并坚持让她把剩下的18美元留作小费。他似乎对整条航线也很了解，降落前他瞟了一眼窗外说：“下面就是塔科马机场了。”

飞机降落在西雅图的塔科马机场，比原定时间晚了两个小时，因为美国联邦调查局（FBI）要准备赎金，还要安排狙击手。西北航空公司的工作人员将20万美元和4个降落伞拿到飞机上。这些钱都是20美元面值的，共有9公斤重。与此同时，飞机也按库珀的要求加满了油。拿到钱后，库珀释放了36名乘客和2名机组人员，然后命令机长重新起飞，目的地是墨西哥城。

库珀似乎对这种波音727十分熟悉。在空中，他给机长下达了十分专业的指令：飞行高度保持在1万英尺以下，襟翼保持15度角，这样可以充分控制飞机的速度。他把钱袋绑在身上，身前和身后各背了一个降落伞包。当飞机飞到华盛顿州西南部上空时，他镇定地从机尾跳下，消失在茫茫的夜空里。

美国联邦调查局很快在库珀跳伞的地区展开了规模空前的大搜索。

这里地形十分复杂，密布着高大的松树和云杉，峡谷中不仅有急流和瀑布，还有美洲狮和黑熊出没。美国联邦调查局希望能找到降落伞的碎片、一具尸体或者哪怕一张20美元的钞票。一支专业搜索队甚至租了一艘潜水艇在附近的湖中寻找。但是几个月过去了，警方一无所获。与此同时，美国联邦调查局总部也对丹·库珀这个名字展开了调查，结果发现那是一个化名。一名记者在采访警察时将劫机犯的名字听成了“D·B·库珀”，由于他是第一个发稿的记者，各媒体纷纷转载，“D·B·库珀”这个名字也就以讹传讹流传了下来。当年12月8日，司法部长公布了那笔赎金的钞票序列号，希望公众发现后积极举报。

但D·B·库珀像空气一样消失了。他留下的蛛丝马迹就是他懂得跳伞，甚至在恶劣的冻雨天气也能从容自如。这暗示着他也许参过军，没准儿还是个伞兵。他对飞机以及当地地形的熟悉程度也能帮警方缩小调查范围。再有就是他的性格。305航班上接触过他的人都称他是个“好人”，目睹了劫机经过的空姐也认为“整个过程中他一点儿也不粗鲁，显得既体贴又冷静”。在沙夫娜的描述下，联邦调查局绘制出D·B·库珀的一幅画像。

10年后的1980年，警方曾有过激动人心的发现。一个8岁小男孩在哥伦比亚河边偶尔发现了一个埋在土里的袋子，里面装着5800美元，而且全都是

D·B·库珀画像

20美元面值的。虽然它们已经部分腐烂，但钱上的序列号表明它们正是库珀拿走的赎金的一部分。联邦调查局立刻在这一地区展开搜索，却没有进一步发现。

就这样又过去了20多年，D·B·库珀这位“空中罗宾汉”，已经成为美国民间的传奇人物。以他的故事为蓝本的小说、电影和摇滚乐层出不穷。最近热播的电视剧《越狱》里那个心机很深的韦斯特摩兰，原型就是D·B·库珀。

华盛顿州西南部的小镇艾里尔甚至宣称该镇就是“D·B·库珀的着陆地”，镇上的一家酒馆每年都在感恩节前后举办“库珀派对”，派对上还有“库珀模仿秀”比赛，看谁的扮相更接近警方的画像。去年这里还举行了纪念库珀跳伞35周年的“大庆”，吸引了来自美国各地的500名库珀迷。

在过去的40年里，美国联邦调查局调查了近千名嫌疑犯以及那些自称是库珀的人，但始终没有结果。现在库珀案的卷宗正静静地躺在联邦调查局西雅图分局的地下室里。负责此案的特工认为库珀很可能已经在跳伞时送了命，毕竟当时的天气太恶劣了，而那些钱可能被大风吹走了。

然而案件在1997年却有了峰回路转的变化，一个叫莱尔的人，找到了美国一家侦探所，自称是D·B·库珀的弟弟，这件事令全美国都感到震惊。

莱尔的哥哥全名是肯尼思·彼得·克里斯蒂安森，生于1926年，1994年死于癌症。肯尼思画得一手好画，是学校合唱队成员，演过话剧，还创下了半英里跑步的纪录，他学习成绩也很出色，中学毕业时收到了12个私立学院的邀请信。但战争改变了这个年轻人的生活轨迹。1944年他应征入伍，成为美国陆军第11空降师的一名伞兵。他们的训练十分艰苦，经常背着近40千克重的装备行军和跳伞。后来他作为占领军被派遣到日本，曾在那儿进行商业跳伞来赚外快。

退役后肯尼思在西北航空公司找了份工作，他干过机械师、乘务员，最后被提升为出纳。他在公司里极其低调，一位同事回忆说：“他几乎是隐形的。如果你问他的同事谁是他们飞机上的出纳，他们甚至可能说不上来。”

当时西北航空公司的薪水很低，出纳一个月的工资只有212美元，许多乘务员甚至从飞机上的卫生间里偷卫生纸来“补贴家用”。这使员工们对公司产生了很强的敌对情绪，罢工事件屡有发生。而肯尼思从不轻易表现他的愤怒。他很少参加工会会议，甚至讨厌罢工，因为那意味着他不得不靠打零工，例如到农场摘苹果，来弥补经济损失。莱尔认为，肯尼思对西北航空公司怀着强烈的憎恨，这就是他劫机的主要动机。“他也许想借此来惩罚它一下。”

从肯尼思的照片上看，他酷似联邦调查局绘制的画像。1972 年 10 月，也就是劫机案发生近一年后，肯尼思用 1.4 万美元买了一座小农场。一年后又花 1500 美元买了一块地。他非常喜欢喝波旁威士忌，还收集它们的酒瓶子，此外他也吸烟。这些细节都与劫机犯的特征吻合。肯尼思的形象在侦探所老板斯基普大脑中逐渐清晰起来，这个温文尔雅、不大愿意说话的退伍伞兵很可能过着一种秘密生活。

莱尔还回忆起肯尼思在患上癌症后曾对他说过一段莫名其妙的话：“有件事应该让你知道，但我不能告诉你！”莱尔当时对此不以为然：“如果你不能告诉我，我知不知道也无所谓，反正我们都爱你。”

劫机案的重要目击者之一佛罗伦斯·沙夫娜现在住在南卡罗莱纳州。过去几十年里联邦调查局给她拿过数十位嫌疑人的照片让她辨认，她没有指认出一个。在看到肯尼思的照片后她一下子瞪大了眼睛，因为他的耳朵、嘴唇、额头以及发际线等细节都与她对劫机者的记忆吻合。但 30 多年过去了，她不敢肯定照片上的肯尼思就是劫机者。

目前，美国联邦调查局已经接手此案的调查，D·B·库珀的神秘面纱也许用不了多久就将被揭开了。

知识点

襟　翼

英文：flap，航空术语，名词。特指现代机翼边缘部分的一种翼面形可动装置，襟翼可装在机翼后缘或前缘，可向下偏转或（和）向后（前）滑动，其基本效用是在飞行中增加升力。依据所安装部位和具体作用的不同，襟翼可分为后缘襟翼、前缘襟翼、开缝襟翼等。

新中国第一起劫机案

这是一页已经翻过去20多年的历史。由于历史的原因，这起发生在1982年的新中国第一桩劫机案，尘封了多年。那些为了祖国的尊严与歹徒英勇搏斗的英雄们血洒“子爵”号惊心动魄的壮举，也沉默了一个年代，不为世人所知晓。直到1990年，有关新闻媒体才就此劫机事件做了有限的报道，揭开了“子爵”号专机被劫案的神秘面纱。

1982年7月30日早晨，上海这个中国第一大都市又拉开了喧闹繁忙的一天的序幕。时值盛夏，虽是早晨，却也烈日炎炎。8时20分，乳白色的“子爵”号专机，在晨风中静静地停在虹桥机场，宽大的机身上“50258”红色机号在霞光中十分耀眼夺目。应邀前来我国访问的非洲某国陆军总司令M少将率领的高级军事代表团，结束了在沪的友好访问，将乘“子爵”号专机赶赴北京参加中国人民解放军“八一”建军节的纪念活动。

8时30分，飞机舱门缓缓关闭。此时，驾驶舱里，驾驶员张景海、副驾

北京航展“子爵”号飞机

驶兰丁寿、领航员刘铁军像每次执行重要飞行任务一样，已经做好了一切准备，只待起飞命令。9 时 12 分，机场调度室下达了“起飞”的命令，“子爵”号发动、滑行、加速、起飞，像一支银色的利箭呼啸着昂首直刺蓝天。9 时 20 分，“子爵”号飞抵江苏无锡上空。就在客舱里的宾主们兴致勃勃交谈的时候，有一个人悄悄地离开了自己的座位。那人似乎是漫不经心，但却是脚步匆匆，转眼便溜进了靠近驾驶舱的洗手间。

“子爵”号飞机 CG 效果图

驾驶舱里，领航员刘铁军紧张、细心地在飞行日志上记录完飞行的高度、方位、航速、气流变化等数据后，像每次执行飞行任务时一样，他站起身，推开舱门，准备到后舱通讯室向地面指挥报告专机的飞行状态。此时，在前舱洗手间门缝，一双贼眼闪着凶光，死死地注视着驾驶舱舱门。当看到有人打开驾驶舱舱门，疾步向后舱走去，他知道这是领航员到后舱报务室向地面指挥报告飞行状态。听到门外脚步声渐渐远去，那人旋即像魔影一样冲进了驾驶舱，“咔嚓”一声反锁死了舱门，把驾驶舱与客舱、后舱完全隔绝了！

“不许动！立即改变航向，飞向台湾桃园机场，出声我就和你们，和机上所有人员同归于尽！快！”那人吼着，歇斯底里。“不许报告！不老实就打死你们！”那人一把扯掉了他们的飞行帽，把唯一可与后舱联系的报话系统卡断了。

张景海、兰丁寿本能地回过头，他俩惊呆了，简直不敢相信自己的眼睛，“怎么竟会是他?!”原来，劫机歹徒是随团国家某机关保卫干部郑延武。“改变航向×××度!”郑延武凶神恶煞，乌黑的枪口颤抖着。

为了麻痹歹徒，捕捉战机，张景海一会儿问：“你怎么会想去台湾?”一会儿又要歹徒递来地图、指挥尺。与此同时，张景海镇定自若，不露声色地采取着一系列的应急措施。“枪并不可怕，可怕的是那个打火机和汽油”，张景海想。于是他神不知鬼不觉地打开了专机底部的通气孔，以便加速汽油挥发，排除这个最大的隐患。狡猾的歹徒还是觉察到了什么：“怎么有风，哪来的风?!”张景海回答说：“航线上气流变化，这是正常的。”歹徒似乎不信，可他又弄不清楚到底是怎么回事，只能握紧了手中的枪和打火机。

张景海和兰丁寿都是1.80米以上的大个头，舱内窄小，为了便于动手，他们按动了飞行座椅的自动调节钮，座位缓缓后移，这样就增大了自己的活动空间。对此，歹徒毫无察觉。也许是苍天有眼，此时航线上的积雨云已经散去，江南上空风和日丽，气流平稳。张景海又暗暗地启动了“子爵”号的自动驾驶仪。这样，飞机可以无需驾驶员操纵自动飞行，他就能完全腾出双手来对付歹徒了。接着，张景海、兰丁寿趁歹徒不备，又悄悄地解开了飞行安全带。

一切都在紧张而有序地进行着。这只能用分、秒来计算的瞬间所发生的一切，歹徒郑延武是做梦都想不到的。郑延武虽然为了出逃煞费苦心，看来也只是粗略懂得些飞行常识，他显然并不了解“子爵”号专机的飞行特点和机械性能，英雄们巧妙而机智地利用了这一点。

驾驶舱里，双方已经僵持了整整半个小时。舱内的空气似乎凝固了，要爆炸了。此时，舱内浓烈刺鼻的汽油味淡了，地板上的汽油积液消失了。一切已经就绪，该动手了！张景海、兰丁寿默默地对望了一下，他们那坚毅的目光、沉着的神情似乎都在告诉对方：“二比一，制服歹徒没问题!”

突然，中队长兰丁寿惊喜地伸手指向前方：“看，大海!”其实，他们知道那是位于黄山胜景和佛教名山九华山之间的著名旅游区太平湖。张景海心领神会：“你看那船上还挂着小旗，是外国商船。”他借题发挥，机智地附和着。“在哪儿，让我看看!”郑延武站在两位驾驶员身后，他平视的目光只能透过望窗看到前方的云海，要向地面观看，他必须从两位驾驶员中间的空隙探过头来，这是张景海、兰丁寿设计好了的擒敌方案。

歹徒果然中计了。正做着美梦的郑延武迫不及待地将身体前倾，探过头来。憋着一腔怒火的张景海见歹徒的头探过了自己的右肩，说时迟，那时快，使出全身的力量，以迅雷不及掩耳之势猛地挥起了拿着地图的右手，用力往上一贴，封住了歹徒的双眼，左手紧跟上，往前一拽，顺势双手一扳，十个粗壮的手指便紧紧地抠住了歹徒的双眼。随即，张景海双腿用力一蹬，“嗖”的一声，全身跃起冲出了座椅。几乎是同一时刻，兰丁寿“呼”地飞身越过中央操纵台，猛虎猎食般地扑向了歹徒。这一连串的动作，一连串的配合，都发生在几秒钟之内，那么迅速，那么准确，那么巧妙，那么协调！

郑延武毫无思想准备，他万没料到反抗会这么突然，这么有力，如泰山压顶！而就是这宝贵的几秒钟，便决定了歹徒那应得的可悲的下场。绝望中，歹徒疯狂地扣动了扳机。“叭！叭叭！”清脆而又沉闷的枪声被“子爵”号发动机的巨大轰鸣声淹没了。负伤的专机呻吟着，在茫茫云海中艰难地飞行。

此时，郑延武被两人紧紧地压在身下。歹徒身高体壮，又是经过特种训练的武装保卫人员，反抗异乎寻常地猛烈，三个人在窄小的驾驶舱内厮打着、翻滚着。只听得“咣啷”一声，生死搏斗着的三个人的头硬是把歹徒反锁死的驾驶舱舱门给撞开了。撞出之后，歹徒被早已守候在门外的领航员刘铁军用太平斧一挥，脑袋便开了花，污浊的鲜血和脑浆淌了一地。

一场劫机梦像肥皂泡一样地破灭了。

北京，空军作战室和空军某部指挥室。首长和指挥员们神色凝重，焦急地等待着“子爵”号的消息。雷达在跟踪监视，人们在紧张地观察着“子爵”号的动向。空气是那么沉重，压得人们喘不过气来。

突然，报话机里传来了“子爵”号的报告：“劫机歹徒已经被机组人员砍死！驾驶员张景海在与歹徒的搏斗中腿部中弹负伤！飞机中弹，但无危险，外宾安全无恙，并无任何察觉，专机仍在南京地区上空盘旋……”

听到“子爵”号令人振奋的报告，作战室、指挥室里的首长和指挥员们紧锁着的眉头舒展了，一块石头落了地。随后，首长命令：“子爵”号迫降南京机场；通知南京陆军总医院尽一切努力，不惜一切代价抢救驾驶员张景海；

速派另一架专机去南京，接外宾来京。

10 分钟后，受伤的“子爵”号，英雄的“子爵”号，奉命在南京机场紧急降落。负伤的驾驶员张景海被迎候在机场的救护车立即送往南京军区陆军总医院抢救治疗。被英雄们用鲜血和生命拼死保护的外宾们奇怪了：怎么飞了近一个小时才到南京？“飞机故障，换乘。”回答简单明了。此时，他们并不知道死神曾经逼近过自己，也不知道长空中中国的士兵们为他们的安全所进行的生死搏斗，那惊天地、泣鬼神的壮举。

在空军召开的庆功大会上，空军首长宣读了中央军委主席亲自签署的命令，授予“子爵”号机组“英雄机组”称号；授予张景海、兰丁寿为“反劫持英雄”称号，颁发中央军委一级英模金质奖章；刘铁军和机组其他成员也分别被空军记功、授奖。如今，共和国的英雄张景海、兰丁寿已成为人民空军第一批“功勋飞行员”并走上了领导岗位，可他们依然认为自己是一名普通的飞行员，在祖国的蓝天上播撒赤诚。

贝鲁特劫机事件

轰动世界的贝鲁特劫机事件从 1985 年 6 月 14 日至 30 日，历时 17 天，经多方努力最终得以和平解决。

1985 年 6 月 14 日，美国环球航空公司 847 客机从开罗飞来，上午 9 时抵达雅典机场，随后将继续飞往罗马。在准备登机的乘客中有 2 名阿拉伯青年，年约 20 岁上下，衣着讲究，但在经过检查口时，2 人却有一些不寻常的举动。其中一人往传送带上放行李时不按次序，将自己的提包抛在一对美国夫妇的行李中间，躲过了 X 光检查。另一人经过安全门时，金属探测器发出了警报，他双手上举，有些惶恐，但检查人员漫不经心，没有理会。他乘人不备时从检查人员的身后绕了过去。

上午 10 时 10 分，环航 847 客机准时起飞。机上有机组人员 8 名，乘客 147 名，乘客几乎都是美国人。八九分钟以后，飞机进入高空，开始正常飞行。坐在最后一排的那两个阿拉伯青年突然站起来，一个手里举着一颗手榴弹，站在机舱里；另一个冲入驾驶舱，他一手提着一颗手榴弹，一手握着手枪，并把枪口对准了驾驶员的后脑勺，用英语向乘客喊话："你们听着，这架飞机已经被劫持，谁也不准动，谁动一动我们就把飞机炸掉！"

驾驶舱里的那个劫机者则命令机长特斯特雷克改变航线飞往阿尔及利亚。机长说油料不足，劫机者略加考虑，决定飞往贝鲁特。2 名劫机者似受过专门训练，干得大胆、细心。他们害怕乘客中有人突然动手，将他们制服，于是命令乘客调整座位。凡是身强力壮、身材魁梧的都要靠窗口坐，老弱病残、妇女儿童坐在他们的旁边。为了防备乘客中有神枪手，冷不防朝他们开枪，他们命令乘客拉下所有窗帘，使机舱内漆黑一团。接着，又命令空姐收集所有乘客的护照，逐个验明身份。验明乘客身份后，劫机者把几个有外交护照或军人证件的叫到前舱，作为特别监视对象。为了进一步控制机上的乘客，劫机者对乘客采取"精神施压战术"，首先挑选前美国海军陆战队潜水员斯特塞姆和另一名有军人身份的卡尔森，对他俩进行了残酷的折磨，斯特塞姆的肋骨被打断两根，卡尔森被打得鲜血淋漓。

上午 11 时 55 分，环航 847 客机在贝鲁特国际机场降落。两名劫机者在贝鲁特机场宣布了他们的劫机声明。他们说："这次劫机是我们对'阿尔阿贝德事件'的报复，并以此证明我们可以从任何地方、采取任何方式打击美国目标，我们的目的就是迫使美国放弃对以色列的支持，以色列军队必须全部从

恐怖分子观察贝鲁特机场形势

黎巴嫩南部撤出去，以色列必须释放关押在监狱里的全部黎巴嫩什叶派穆斯林。”

“阿尔阿贝德事件”指的是美国五角大楼组织的一次打击黎巴嫩真主党的重大行动。环航847客机在贝鲁特机场只停留了95分钟，释放了19名妇女、儿童后，又飞往180公里以外的阿尔及利亚。6月14日下午3时30分，飞机飞抵阿尔及尔布迈丁机场。劫机者又释放了21名人质，大多是美国妇女和小孩。他们强烈要求美国敦促以色列释放黎巴嫩俘虏，但没有人理睬他们的要求。飞机在机场停留5个小时后，又在夜幕下飞回贝鲁特，劫机者认为必须争取“阿迈勒”民兵的支持，不然事情不好收场。

环航847客机在15日凌晨2时20分第二次飞抵贝鲁特机场。劫机者为强迫“阿迈勒”民兵出场，当场枪杀了美国海军陆战队潜水员斯特塞姆。几分钟后，几名“阿迈勒”民兵登上了飞机。与此同时，有8名人质被带下飞机，押送到一个秘密地点。环航847客机加满油，补充了大量食品、饮料和水果，离开贝鲁特飞往阿尔及利亚。

15日早晨7时50分，环航847客机第二次在阿尔及尔布迈丁国际机场降落。劫机者要求希腊当局交出他们的同伙阿特瓦，不然就要枪杀8名希腊人质。下午2时许，希腊宣布同意劫机者的要求，并于3时50分派专机将阿特瓦送到阿尔及利亚，交给了劫机者。劫机者在阿尔及利亚释放了61名乘客和5名机组成员，但30多名美国人质仍被扣留在飞机上。

16日8时57分，劫机者命令驾驶员驾机再飞贝鲁特。环航847客机第三次在贝鲁特机场降落。黎巴嫩“阿迈勒”运动领导人贝里应劫机者要求开始同有关各方接触，代表劫机者谈判释放美国人质的问题。

贝里时年46岁，是内阁中惟一身兼三职的实权派人物。他既与叙利亚关系密切，又同美国保持着“良好关系”。劫机事件发生后，黎巴嫩政府等方面主张来“硬的”，派反恐突击小分队营救人质；贝里则提出为考虑人质安全、防止事态进一步激化，还是来“软”的，并表示他愿意出面接触劫机者，妥善处理劫机事件。但是，贝里和美方的谈判没有取得进展。

16日，美国一支反恐突击队抵达塞浦路斯拉纳卡空军基地；17日，美国两支特混舰队先后离开直布罗陀向地中海东部水域驶去，随时准备向黎巴嫩发动突袭，美国和以色列的飞机还不时到贝鲁特上空侦察。

美国的军事调动给贝里带来巨大压力。为了保证人质安全，他在 16 日深夜亲自下令把机上除 3 名机组人员外的全部人质分别转移到 4 个“安全地方”看管，并向全国“阿迈勒”民兵发出总动员令，随时准备应付美国或以色列的来犯。“阿迈勒”民兵把贝鲁特机场封锁得水泄不通，坦克和装甲车开进了机场，机场周围配备了高射炮和导弹，同时还在沿蒂尔到贝鲁特的 80 千米长的海岸线上设立了监视哨所。顿时，贝鲁特似乎已笼罩在一场大规模战争前夕的恐怖气氛之中。

6 月 24 日，里根总统取消到加利福尼亚休假的安排，一早就来到了办公室，筹划解救美国人质的下一步行动。美国政府中有人主张袭击贝鲁特机场，真枪实弹地同劫机者大干一场，夺回人质。里根担心这样会使更多的无辜者受害，或者出现美国自己宣判美国人质死刑的恶果。但是美国不能向恐怖分子妥协。经过反复琢磨，里根发现，叙利亚总统阿萨德在人质问题上有可能帮忙。几年来，阿萨德支持黎巴嫩穆斯林与基督教平分秋色，所以他的意见不仅“阿迈勒”运动会接受，就连真主党也会接受；再者，因为阿萨德有求

人质被放

于美国，如一直希望美国帮助叙利亚解决被以色列占领的戈兰高地问题，所以他在1982年和1984年曾两次让真主党释放被他们绑架的美国人质。

6月26日，里根正式要求叙利亚总统阿萨德进行干预，帮助美国打破僵局。阿萨德第二天就给里根回话，表示愿意做贝里的工作，尽早使美国的人质获释。28日，阿萨德亲自出马调解。贝里表示，只要美国保证不袭击报复黎巴嫩，他就可以把人质交到大马士革释放。阿萨德赶紧打电话把贝里的意思转告里根，里根一口答应说："在大马士革放人没问题。"接着美国政府发表公报保证不袭击报复黎巴嫩。

6月30日，39名美国人质乘坐国际红十字会的车辆，从贝鲁特抵达大马士革，然后转乘美国空军C－141运输机，取道德国法兰克福回国。本来这次重大的劫机事件可以以比较圆满的结局收场，除了海军潜水员罗伯特·斯特塞姆在被劫持后的第一天就惨遭恐怖分子的杀害。但是人质发言人还是对叙利亚政府在这次谈判中的作用表示了巨大的感谢。而美国也对这次人质被放事件作出了肯定的评价。副总统布什接见遣返的人质时说："你们回来了，美国丝毫没有损害自己的原则就把你们接回来了。"各方的积极努力促成了这次和平的人质被放事件，而贝鲁特劫机事件也是历次劫机中结局比较令人满意的一次。

埃及劫机惨案

1985年11月23日，星期六，晚上8时5分，埃及航空公司的一架波音737客机从雅典机场腾空而起，飞往开罗。

客机起飞后15分钟，空中小姐正忙于给乘客分送报纸杂志。突然，坐在前排座位上的一位二十来岁的巴勒斯坦青年站了起来，从一个塑料包里抽出枪和手榴弹，与此同时，坐在后排座位上的一名埃及青年也掏出了枪，举起了手榴弹。他们同时大喝一声："不许动！飞机被我们接管了！"接着这两人非常利索地戴上了假面具。

这时正站在驾驶室附近的第三个阿拉伯青年迅速冲进驾驶室，左手举着开了盖的手榴弹，右手端着打开了保险的左轮手枪，威逼驾驶员将飞机开到马耳他。这时，另外两名劫机者也从不同的座位上起身，凶狠地叫乘客一个一个地站起来，交出护照。乘客们默默无声地执行了他们的命令。

当一名劫机者来到一位站起来的男乘客面前伸手要护照时，这位乘客从怀里掏出了手枪，对着来者就是一枪，面前的这名劫机者应声倒下。接着他又向其他劫机者开枪射击，但是劫机者的子弹从不同的方向朝他射来，这位男乘客以及周围的乘客和空中小姐顿时倒在血泊中。此人原来不是普通的乘客，而是客机上负责安全的埃及保安人员。

波音 737 客机

“不许乱动!”劫机者吼着，接着就是“啪啪”两枪，子弹射穿了机舱的顶部。不一会儿，扩音器里传出了空中小姐颤抖的声音：“女士们，先生们，请安静，请大家坐好。”

客机经过 2 小时 11 分的飞行，于 22 时 16 分在卢加机场降落，客机在卢加机场刚停稳，劫机者就同机场当局进行了联系，要求加油，并要机场派一名医生来，机场当局拒绝了劫机者加油的要求，但同意派医生登机。几分钟后，一名医生登上客机，在驾驶员的帮助下，又抬又扶，一下子送下了 7 个人，其中包括在空中枪战中被打死的一名劫机者、一名埃及保安人员和受伤的两名乘客、两名空中小姐。驾驶员返回客机后，劫机头目拿着乘客的护照，释放了 7 名菲律宾舞蹈家和 4 名埃及妇女，但打死了两名以色列姑娘。

此时，劫机头目得意极了，举着手枪，舞着手榴弹，又是唱歌又是跳舞。女乘客见了他那副杀人不眨眼的样子，双手掩面；男乘客满面怒容，敢怒不敢言。15 分钟后，劫机头目又叫起一名美国男乘客。这位乘客 28 岁，是位生物学家，刚结束在中东的休假，正准备返回美国。只见他头发蓬乱，但却十分镇定地走到客舱门口。劫机头目跟在其后，一举手对他脑袋开了一枪。这位美国生物学家可以说是精明万分。就在枪响那一瞬间，他就势倒在了地上，一动不动了。虽然是血流满面，其实子弹只是擦破了他的头皮。当他被人抬着扔出舱外后，他听到劫机者回到了舱内，便爬起身来撒腿就跑，捡回了一条性命。20 分钟后，被叫起的另一位美国妇女可就没有这位生物学家那么幸运了，脑袋被子弹打开了花，也被人拖出去扔了。

又过了 15 分钟，另一名中弹的美国妇女被扔出舱外。这位妇女被人扔到舱外时，双手仍被反捆着，面部先着地，鼻子被严重碰伤，但又是一个奇迹，她居然未死，此时已是 11 月 24 日，星期日，凌晨 2 时 20 分。劫机者通过无线电向机场指挥塔咆哮：“我们已经杀了 5 个人了！一个半小时里再不给加油，我们还要杀人！”

在马耳他总理与劫机者谈判的同时，美国、希腊、以色列、埃及、利比亚和巴解组织的官员纷纷赶到机场，试图从中斡旋，使人质获释。

但是，劫机者不愿同任何人对话，甚至同巴解组织代表也不愿对话，只提出要利比亚驻马耳他大使登机与他们对话。但利比亚大使只是在机场指挥塔通过无线电对劫机者讲了一遍又一遍利比亚政府的态度：由于发生了流血事件，利比亚不愿接受这架客机。然后这位大使走出指挥塔，乘飞机到利比亚去了。

这时，埃及方面传来消息，埃及政府决定对客机采取突袭行动，这场危机将会得到很好的解决。在征得马耳他政府同意后，埃及军队的两架 C－130 运输机在卢加机场跑道的另一头降落，运来了 25 名埃及突击队员和有关装备。

埃及总统穆巴拉克一得知埃及客机被劫持及其有关情报，便十分恼火。6

个星期前的“阿基利·劳罗”号游船被劫事件曾搅得他彻夜不眠，而美国战斗机拦截运送劫船者的埃及客机，又使他在国内、国际上陷入窘境。所以他一听说客机被劫的消息，就马上指示正要出访西欧的外交部长马吉德推迟动身时间，与利比亚方面进行交涉。但是利比亚方面回避了这次交涉。

穆巴拉克总统接着召开了高官紧急会议，会议一直进行了90分钟，最后穆巴拉克总统亲自拍板决定对客机进行突袭，他决心不惜任何代价严惩这帮恐怖分子。埃及的这一决定很快得到美国的大力支持，位于地中海的美国第六舰队的“珊瑚海”号航空母舰立即进入戒备状态，严密监视地中海上空的动向，同时派出数架F－18战斗机和F－2预警雷达飞机进驻意大利西西里岛的北约空军基地，以备运送突击队的埃及运输机在飞往马耳他途中受到利比亚飞机阻截时紧急出动。同时，美国的3名反恐怖活动专家也随埃及突击队的飞机一同前往马耳他。但由于马耳他政府对美国的中东政策不满，拒绝让美国人直接参与解救人质的运动，所以这3名美国专家一直待在埃及运输机里。

下午6时45分，卢加机场指挥塔的扩音器里突然传来埃及客机上驾驶员急促的声音：“客机机舱的前后门里面都锁着，要进入客机只能通过货舱门。”原来这位具有10多年飞行经验的驾驶员意识到马耳他政府或埃及政府决不会这样坐等下去，预感到一场攻击就在眼前，所以他乘监视他的劫机头目上厕所之机，及时地送来了十分重要的情报。这时，突袭行动准备就绪，只待天黑下手。

晚上8时15分，埃及总统正式下达了进行突袭的命令。5分钟后，卢加机场的灯光突然熄灭，机场顿时一片漆黑。突袭行动开始，12名埃及突击队员分4路向客机的货舱门和机翼上的3个紧急出口冲去。

一路突击队员冲到了货舱门前，弄开了货舱门攻入。这时驾驶室里仪表盘上的一个小黄灯亮了，驾驶员意识到货舱门已被人弄开，为了不使监视他的劫机头目发觉，他关掉了那个小黄灯，同时为转移劫机头目的注意力，他主动与他攀谈起来：“在这种情况下，要是我呀，得不到加油就会投降……”

谁知货舱里的声音还是惊动了劫机者。劫机头目转身从驾驶室冲入客舱，投出了手中的那颗手榴弹，其他劫机者也跟着投出了两颗手榴弹，手榴弹在客舱内登时爆炸起火，灯光熄灭，一片浓烟。劫机者接着就是一阵射击，乘客在手榴弹爆炸和射击中纷纷倒下，幸存者急忙趴在地上，但被浓烟呛得透不过气来，许多乘客被浓烟窒息而死。

这时劫机头目突然想起了驾驶员，返身冲回驾驶室，对着驾驶员的脑袋就是一枪。谁知驾驶员早有防备，脑袋一歪，子弹擦着头皮而过，随即举起已准备好的斧头，对着他的脑袋就是一斧，劫机头目应声倒下。

从货舱门攻入的突击队上尉穆斯塔德·海克莱维被劫机者投出的手榴弹炸断一条腿，但从 3 个紧急出口攻入的突击队员迅速向劫机者射击，枪战进行了一分多钟。接着突击队员迅速搜索幸存乘客，帮助他们撤离客机。

整个解救人质的突袭行动持续了 10 分钟，随后埃及突击队员乘飞机回国。可卢加机场所遗留下来的一大摊事情却忙坏了马耳他医护人员。马耳他总理邦尼奇紧急呼吁医务人员前往机场进行抢救。这一劫机事件持续的时间不算长，前后只有 24 小时，但造成了 60 人死亡、28 人受伤的严重后果，成为迄今为止最悲惨的劫机案。

幸存者走下飞机

知识点

波音 737

波音 737 系列飞机是美国波音公司生产的一种中短程双发喷气式客机。波音 737 自投产以来四十余年销路长久不衰，波音 737 成为民航历史上最成功的窄体民航客机系列，被称为世界航空史上最成功的民航客机。而 2010 年 3 月 15 日中国民用航空局向国内航空公司下发警告称，超过 450 架在华运营的波音 737 系列客机存在安全隐患。

震惊世界的“9·11”劫机

2001 年 9 月 11 日清晨，天空蔚蓝，一碧如洗。纽约的天气已经凉爽起来，让人感到秋天来临了。但在这美好的一天，却发生了史上最严重的恐怖袭击。

美联航 UA93 航班飞机停靠在纽华克机场 17 号登机门。7 时 20 分，乘客开始登机。头等舱有 10 名旅客，经济舱只有 27 名旅客。乘务长走进头等舱，询问旅客要不要她来帮助挂好外套，却不知道她面前的旅客中就有 4 人是劫持者。一人坐在 1B 位置上，这是第一排靠过道的位置，距离驾驶舱门最近。其他 3 人分别预定了 3C、3D 和 6B 的位置。波音 757 是单过道飞机，3C 和 6B 也是靠过道位置，只是，第 6 排是头等舱最后一排。这些带有特殊目的的旅客在自己的位置上坐下来后，袭击部署已经完成。

这时，波士顿洛根国际机场的美利坚航空公司 AA11 航班已经起飞。8 时 24 分，第一个恐怖的声音传进了地面航管员的耳朵：“我们还有（已劫持的）飞机。不要轻举妄动，保持安静，都没事儿。我们正在返回洛根机场。你们如果打算干点什么，就会使自己处于极度危险之中。”

除了那 4 名特殊的旅客，UA93 航班的机组、乘务员和其他旅客根本不知道 AA11 航班上发生的一切，更不知道他们自己的航班和他们的生命也是这次惊天大行动的重要道具。

8 时 42 分，经过半个多小时的排队等待，UA93 航班终于起飞，沿着 40 度航向朝纽约曼哈顿方向飞了 6 千米，然后缓慢转向西方。飞机右侧，清晨的雾霭中，纽约世贸大厦的双塔闪烁着金属般的光泽。如果确实有旅客朝世贸大厦看过去，那将是他们凝视世贸大厦的最后一眼。

8 时 45 分，AA11 航班的波音 767 飞机撞上了世贸大厦北塔。此刻，UA93 航班飞机进入克里夫兰航行管制中心管辖范围，机组以一声爽朗的“早晨好”向地面航管员报到。在空中飞行的机组纷纷向地面询问，纽约究竟出了什么事，UA93 航班机组显得专心致志，没有一句好奇的打听。

在加州的圣拉蒙镇，蒂娜叫醒了三个女儿，准备送她们去小学和幼儿园。她来到厨房，开始做早饭，接着打开电视机，看看天气预报和新闻。不料，所有的电视频道都在播放一条新闻：美利坚航空公司一架大型民航机撞击了世贸大厦。丈夫怎么样？蒂娜想，他应该正在从纽约返回加州的路上。这时，第二架飞机、美联航的 UA175 航班飞机又撞击了世贸大厦。蒂娜目瞪口呆。

世贸中心被撞

电话响了，是丈夫。“你还好吗？”蒂娜慌乱地问。“不，”丈夫说，“我在从纽约到旧金山的 UA93 飞机上。我们被劫持了。他们已经砍伤了一个人。有个家伙拿着枪，不知真假。但他们说飞机上有炸弹。请向当局报警。”蒂娜也报告了她知道的消息：世贸大厦被飞机撞坏了。丈夫立刻把这些信息连贯了起来：“噢，上帝！”他说，“这是自杀恐怖行动。”蒂娜听见丈夫在向其他人转达。蒂娜告诉丈夫，女儿们都懂事地守在电话机旁，希望和爸爸说几句话。丈夫说:“等一会再说吧。”

在马里兰州中北部城市卡通斯维尔,爱丝正在与在办公室里的丈夫通电话,来电等候的提示音频繁地响了起来。“妈妈,我们被劫持了,我就是打电话回来,和你们说再见。”电话那一端是爱丝的继女伊丽莎白。“很抱歉我没有和你多通通电话,多亏了旁边的好心人,她知道你是我继母后,坚持借给我手机,要我利用这点时间,和你说说话。”女儿的嗓音还算平静,只是呼吸节奏比较快。

“伊丽莎白,亲爱的,我已经把你抱在怀里。我抱着你。我爱你。”爱丝说,刹那间,她的脑子里一片空白,只想到这些。“我能感觉你的手,我能感觉你的手在紧紧抱着我。”伊丽莎白说。“我想说,我也爱你……妈妈。”爱丝把目光转向窗外,努力眺望湛蓝的天空。那天空里现在还有她的女儿伊丽莎白。爱丝叮嘱女儿:“握住她的手臂,你旁边那位好心人的手臂,仿佛那就是我的手。现在,你朝窗外看,看着湛蓝的天空,我也在这样,看着你。”渐渐地,电话里,伊丽莎白的呼吸平缓了下来。

美联航波音飞机的旅客座椅背上,装备了卫星通信电话,有信用卡就可以使用。9 时 45 分,旅客特德总算接通了该电话公司的话务员。话务员发现接听的是又一架被劫飞机的消息,吓坏了,赶快把这个通话转交给了她的上级、话务监督员丽莎。丽莎做话务工作已经 17 年,大大小小的紧急事件经历了不少。她立刻安慰特德不要慌。特德也告诉丽莎说,劫持者有 3 个人,其中两个拿着刀具,进了驾驶舱,锁上了舱门,第三个人站在头等舱前面,腰上挂着自称有炸药的盒子。头等舱地板上躺着两个人,不知是否还活着。说到这里,有乘务员告诉特德,那两人就是机长和副驾驶,她看得很清楚。丽莎连忙提醒说,如果特德不方便,就不要再通话,但不要挂上,她可以听见飞机上的动静。特德说,没有关系,只有一个劫持者在客舱里,他顾不上禁止旅客打电话这类事。飞机突然开始俯冲,特德的声音紧张起来:“噢,上帝!”他脱口而出,“丽莎!!!”丽莎吃了一惊。她并没有把名字告诉特德。“噢,”特德说,“我妻子叫丽莎。”“我也叫丽莎,”丽莎说。“这真巧,我可以和丽莎说说话。”特德说,他知道应该给妻子丽莎打电话，可如果没到最后一刻，他不想打，以免惊吓她。“如果最后一刻我没法给家里打电话，请你转达我有多爱她，好吗?”特德最后要求话务员丽莎道。他还说，几位旅客已在商量，是不是干掉前面这个身上有炸弹的家伙，冲进驾驶舱，夺回控制权。“我支持你们，特德。”丽莎说。丽莎从没有挂断的电话中听到有人在磋商，一位女声不断地说：“噢，上帝，请帮助我们，请帮助我们!”最后，丽莎听见特德在对其他人说：“准备好了?让我们动手吧!”

飞机被劫后，乘务员桑得拉也给丈夫菲尔打了个电话。她告诉丈夫，她在飞机尾部厨房，正和其他乘务员一起，把烧开的开水灌进咖啡壶，准备投向劫机者。桑德拉是农民的女儿，家里有很重的农活，但父母知道女儿从小的梦想就是当一名空中乘务员，同意她离家进城。经过多年的努力和磨难，这个农民的女儿终于如愿以偿。

驾驶舱里的劫机者意识到了乘客正在酝酿反抗，退守到驾驶舱里。舱音记录仪记录上一个劫机者开始祈祷，至少，他们可能认识到，计划恐怕就要流产了。9年45分，根据舱音记录仪，殊死搏斗开始了。抛掷碗碟和托盘的声音，吼叫的声音，敦促顶住的声音。旅客们在呼喊：“抓住他们!”更多的尖叫和扔东西的声音。飞机开始俯冲，劫机者大叫：“伟大的真主!”

6天后，罹难旅客和机组的亲友来到坠毁现场，凭吊失去的亲人。乘务长丈夫代表大家致词说：“他们死也要死在回家的路上，不想任人宰割。他们给了我们活下去的勇气。”

在“9·11”恐怖袭击事件中，有四驾飞机被劫持，撞向了美国多座建筑物，在这次撞击中，美国的代表性建筑世贸中心被炸毁，国防大厦五角大楼也遭到重创，造成3000多人死亡。美国为这次撞击付出了惨痛的代价，而此后为了报复基地组织的心狠手辣，美国对阿富汗和伊拉克地区进行了严重的军事打击，以求抓到多次恐怖袭击的主导本·拉登。迄今为止，恐怖活动依然是全球面临的严重问题之一。但是“9·11”事件中，美国民众表现出的坚定、勇敢也感动了很多人，支持着人类的美好信念。

知识点

"9·11 事件"

"9·11 事件"又称"9·11 恐怖袭击事件"、"美国9·11 事件"等，指的是美国东部时间2001 年9 月11 日上午（北京时间9 月11 日晚上）恐怖分子劫持的4 架民航客机撞击美国纽约世界贸易中心和华盛顿五角大楼的历史事件。包括美国纽约地标性建筑世界贸易中心双塔在内的6 座建筑被完全摧毁，其他23 座高层建筑遭到破坏，美国国防部总部所在地五角大楼也遭到袭击。